走进“你知道吗”

（第三册）

陆卫英　蒋守成　主编

江蘇鳳凰教育出版社
Phoenix Education Publishing, Ltd

图书在版编目(CIP)数据

走进"你知道吗"(第三册)/陆卫英,蒋守成主编. --南京:江苏凤凰教育出版社,2016.10(2020.9 重印)

ISBN 978-7-5499-6113-9

Ⅰ. ①走… Ⅱ. ①陆… ②蒋… Ⅲ. ①数学-少儿读物 Ⅳ. ①O1-49

中国版本图书馆 CIP 数据核字(2016)第 252994 号

书　　名	走进"你知道吗"(第三册)
主　　编	陆卫英　蒋守成
编写人员	黄玲玲　朱　敏　陶　静　李　伟　谢丽霞 贺春华　吴　艳　周喻琴　谭亚鹏
责任编辑	顾　俊
装帧设计	许　畅　周　艳
出版发行	凤凰出版传媒股份有限公司 江苏凤凰教育出版社(南京市湖南路1号凤凰广场A楼　邮编210009)
苏教网址	http://www.1088.com.cn
新浪微博	http://e.weibo.com/jsfhjy
照　　排	南京书梦圆图文制作部
印　　刷	济南市莱芜凤城印务有限公司
厂　　址	山东省济南市莱芜区高庄街道办事处任家庄村
开　　本	889 毫米×1194 毫米　1/20
印　　张	4.8
版　　次	2016年11月第1版　2020年9月第2次印刷
书　　号	ISBN 978-7-5499-6113-9
定　　价	28.00 元
邮购电话	025-83658689,025-83658688

苏教版图书若有印装错误可向承印厂调换

导读

你知道三角板为什么会长成这个模样吗?

你知道A4纸的大小为什么要这样规定吗?

你知道丹顶鹤迁徙时为什么要排成110°人字形吗?

你知道“哥德巴赫猜想”“四色原理”“圆周率”“黄金比”的来由吗?

你知道数学符号、数学规定演变的历史吗?

……

本书,就是从数学课本的《你知道吗》栏目出发,带你发现生活中的数学密码,带你探求数学的来龙去脉,带你理解数学的古往今来,带你迈向数学的广阔天地。

本书中的每个“你知道吗”,都涵盖以下三个板块的内容:

秘密大放送:对《你知道吗》栏目进行“大起底”,揭开你不知道的数学秘密。

阅读十分钟:对《你知道吗》栏目进行“解压缩”,解读你不知道的数学故事。

美妙数学园:对《你知道吗》栏目进行“再创造”,领略你不知道的数学滋味。

本书在手,让你眼界更开阔:一道名题、一个规定,本身就是一个传奇;一种现象、一个故事,背后就是一个奥秘;一句白话、一首小诗,其中就是一个原理……

本书在手,助你学习更轻松:听一听,看一看,品一品,做一做,想一想,原来,数学真的很神奇,数学真的很美妙,数学真的很好玩!

目录

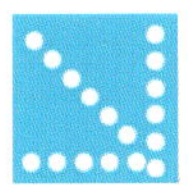 你知道生活中各种各样的“秤”吗？

我们常用体重秤来称人的体重，实验室里会用天平来称物体的重量，超市里随处可以见到电子秤……关于“秤”，你还想知道什么？

苏教版小学数学三年级上册第30页“你知道吗”告诉我们：

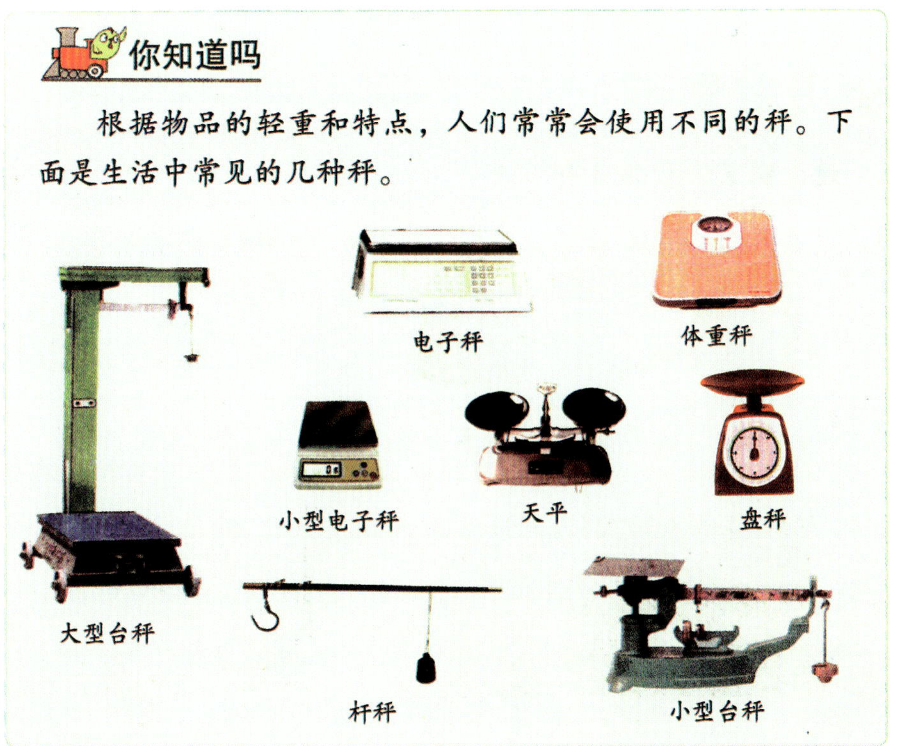

你知道吗

根据物品的轻重和特点，人们常常会使用不同的秤。下面是生活中常见的几种秤。

在日常生活中，我们常用"权衡"一词来表达对某些事情或问题进行轻重、利弊、得失方面的考量，用作动词。但在古代，"权衡"一词最初是指一种称重量的器具，即"秤"，是名词。"权"指秤砣或秤锤，"衡"指秤杆，由于称重量时，秤砣和秤杆要合在一起使用，因此惯称"权衡"。秤是我们日常经济生活中必不可少的工具，发挥着极其重要的作用。

秤的传说

据说，造秤的祖师爷叫"千人平"，半人半仙，上知天文，下通地理。他比着天上的月牙做秤钩，以天上的北斗七星、南勺六星和人间的福、禄、寿星总共16颗星当秤星，这才造出天下人间第一杆神秤。

自从造出了神秤，那真方便多了，买卖东西，不知道多轻多重，拿秤一称，几斤几两，当时就明白，既标准，又公平，官家百姓都欢迎。

自从千人平上天当了秤官，人间就没人会造秤了。幸亏千人平还教了两个徒弟，大徒弟铁匠，二徒弟木匠，两人都没出师，造秤的手艺每人只学会了一半，这样，两人必须分工合作：铁匠打秤钩，木匠刮秤杆，铁匠做秤盘，木匠钻秤眼。二人同心合力，造出的秤还真不错，和他老师造的一般准、一样灵。直到现在，人们还常说：铁匠离不开木匠，木匠离不开铁匠，就是指的这。

秤的种类

秤是测定物体质量的衡器,它的种类有很多,常见的有杆秤、台秤、案秤、弹簧秤等,下面我们就一起来了解一下它们。

杆秤:以带有星点和锥度的木杆或金属杆为主体,并配有秤砣、砣绳和秤盘(或秤钩)的小型衡器(如图1)。

杆秤上雪花状的星点是刻度,有两层。两层星点分别对应两个提绳,用来秤不同的重量。靠近前面的那个提绳是"大量程",刻度在秤杆的上侧,由于称量大,刻度稍粗,通常以"0.5斤"为单位;靠近后部的提绳是"小量程",刻度在秤杆的靠近人体的侧面,由于称重小,刻度较细,通常以"两"为单位。这些和尺子上刻度的道理是一致的。

随着科技的发展,杆秤使用的越来越少,只在农村的菜场里偶有出现。

台秤:台秤是通常在地面上使用的小型衡器。按结构原理可分为机械台秤和电子台秤两类。

机械台秤:如图2,使用时要先放平,将秤固定好,使用之前先看零点是否

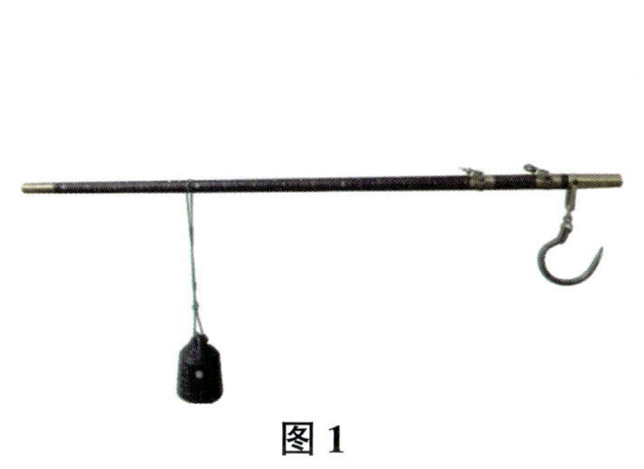

图 1

图 2

对，秤盘是否灵活。数据读取从左往右，看得见的最大数字就是称量的结果。如果有秤砣，还要加上秤砣的重量。就是说，读取的最大数值加上秤砣的重量就是所称量的重量。

电子台秤：如图3，电子台秤使用时需要注意以下几个问题：第一，刚出厂的电子台秤使用前，一定要将设备的电池充满。第二，电子秤的工作平面一定要是水平的平面，如不保持水平将大大地影响到称量的正确性。第三，使用电子秤时要做到轻拿轻放。

案秤：一种小型的秤，商店中使用时常把它放在柜台。有的地区叫台秤。它是在工作台案或柜台上使用的小型商用衡器，按结构和功能可分为普通案秤和电子计价秤两类。

普通案秤：如图4，由底座、支架、连杆、刀架、调整砣、承重盘、游码、刻度片和增砣等组成。

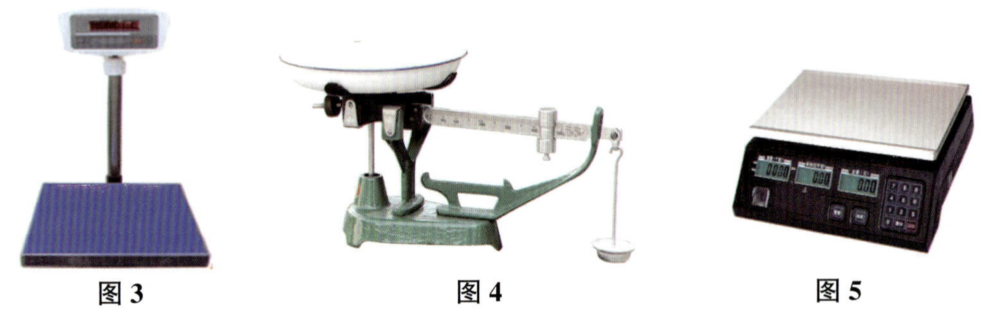
图 3　图 4　图 5

电子计价秤：如图5，由数字显示器以质量和金额的方式显示出来。电子计价秤能预先设定单价，在称重的同时自动显示出被称物品的金额，是集称重、计价、显示、去皮、打印于一体的商用秤。它具有计量准确度高、键盘操作方便快速等特点，并具有数字记忆等功能。

弹簧秤：利用弹簧在被测物重力作用下的变形来测定该物体重量的衡器。弹簧秤分压力和拉力两种类型。

压力弹簧秤：它的托盘承受的压力等于物体的重力，秤盘指针旋转角度指示所受压力的数值（如图6）。

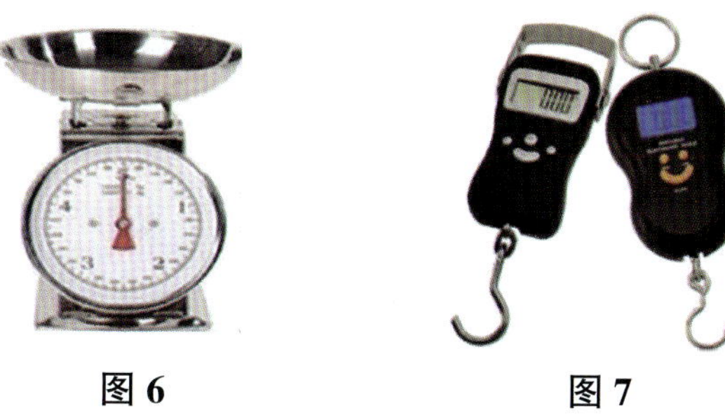

图 6　　图 7

拉力弹簧秤：它的下端和一个钩子连在一起，弹簧的上端固定在壳顶的环上（如图7）。将被测物挂在钩上，弹簧即伸长，而固定在弹簧上的指针随着下降。由于在弹性限度内，弹簧的伸长与所受之外力成正比，因此作用力的大小或物体重力可从弹簧秤的指针指示的标度数值直接读出。

你会做一把杆称吗？

1. 在秤杆上挂上秤盘。

用一根筷子作秤杆，在小盘子上打三到四个小孔并将棉线穿过作秤盘，将秤盘上的棉线系在秤杆上，用玻璃胶固定住位置。

2. 在秤杆上挂上提纽，确定支点。

剪一段棉线作提纽，系在秤杆上，移动提纽靠近秤盘，寻找到支点的位置，用玻璃胶固定住位置。

3. 在秤杆上挂上秤砣，确定“0”刻度。

用铁圈系上棉线作秤砣，吊到秤杆上。手提住提纽，移动秤砣，使秤杆保持平衡，用铅笔在吊线与秤杆贴合的位置上画一根刻度线，记作“0”。

4. 在秤杆上确定其他重量的刻度。

如图8，在秤盘上放上一个5克的砝码，手提住提纽，移动秤砣，使秤杆保持平衡，用铅笔在吊线与秤杆贴合的位置上画一根刻度线，记作“5”。以此方法类推确定其他的刻度。最后，量出每一段的距离进行平分，确定出每一克的位置。

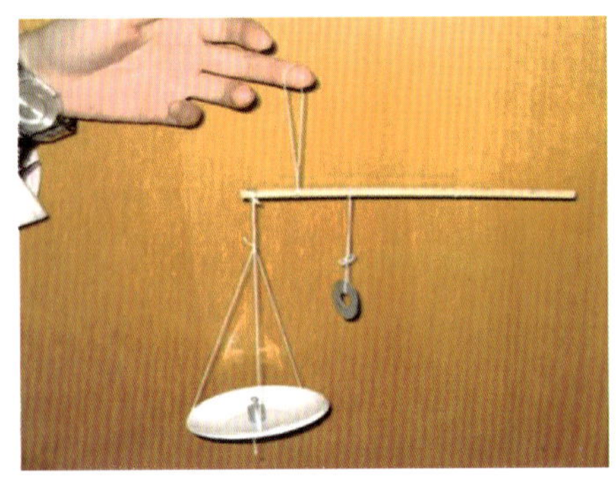

图 8

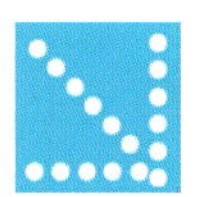 你知道怎样合理搭配饮食吗？

民以食为先。其实，我们每天的食物搭配也与“克”息息相关呢！

苏教版小学数学三年级上册第33页“你知道吗”告诉我们：

> **你知道吗**
>
> 不同的食物含有不同的营养，合理的饮食搭配有利于身体健康。小学生每天这样搭配食物比较好：米饭、馒头等谷类食物375克，肉75克，鱼、虾25克，鸡蛋25克，牛奶200克，豆制品75克，水果75克，蔬菜250克，食用油15克，食糖10克。

上面这段文字，介绍了我们小学生每天所需的基本营养。如何合理地分配到一日三餐，也有很多学问呢！

每天的盐摄入量

世界卫生组织建议,健康成年人每天的盐摄入量以不超过5克为宜。

按照每天盐摄入量的多少,我们国人的膳食分四个类型:第一是广东型。广东人平均一天吃盐6~7克,比较清淡。第二是上海型。上海人平均一天吃盐8~9克,而且喜欢放点糖。第三是北京型。北京人平均一天吃14~15克盐,这个量有些偏多了。第四是东北型。东北人吃盐最多,一天要吃18~19克,大大超标了。所以,东北人高血压、脑卒中相对较多,而广东这类病就少,其中原因很多,但吃盐多少是一大影响因素。

小学生的一日三餐

小学生正处在生长发育时期,又有繁重的学习任务,所以合理安排好膳食尤为重要。那么,怎样合理安排一日三餐呢?

小学这个年龄段,胃的容量,每餐约可受纳500~600克食物(包括水分),并且随着年龄而逐渐增大。每日三餐热量的分布,早餐大约占四分之一,午餐大约占四分之二,晚餐大约占四分之一,每餐之间的间隔约4~5小时。

在质量方面:“早餐要吃好”。因为经过一夜的消化,胃已基本腾空,而且上午学习任务较重。但由于早晨没有活动开,往往食欲欠佳,所以,早晨最好吃热量高、含蛋白质多、体积比较小的食物,如鸡蛋、牛奶、面包、点心等。“中午要吃饱”。这餐既要补充上午的体能消耗，又要为下午学习、体育活动储备能量，所需能量多，因此不仅要吃好，而且应该吃饱。“晚上要吃少”。晚餐的饮食可与中餐接近，但要清淡一些，不要吃过多的脂肪、蛋白质等难消化的食物。如果过多地摄入脂肪、蛋白质，就会使过剩的营养转为中性脂肪，贮存在体内，久而久之，人体就会发胖，同时对胃、肠、脑都不好，容易诱发高血压、心血管等方面的疾病。

我们的饮食搭配合理吗?

想知道我们每天的饮食搭配合理吗？想知道班级里其他同学的饮食搭配合理吗？我们可以做个小调查！

__________小朋友一周饮食情况记录表

	星期一	星期二	星期三	星期四	星期五	星期六	星期日
谷类							
肉类							
鱼、虾等							
蔬菜							
水果							
豆制品							
牛奶							

记录好后，同学之间可以互相看一看、比一比，看看一周里谁的饮食最合理哦！

你知道我国古代的质量单位吗?

在日常生活中,我们除了用“克”和“千克”来表示质量大小外,有时还用“斤”和“两”来表示物品的轻重。那么,这些质量单位之间有什么联系和区别呢?你知道古时候有哪些有趣的计量方法吗?

苏教版小学数学三年级上册第 35 页“你知道吗”告诉我们:

> **你知道吗**
>
> “千克”和“克”是我国法定的质量单位。日常生活中,有些地区还习惯用市制单位“斤”和“两”表示物品的轻重,1 斤 = 10 两。斤、两与克的换算关系是 1 斤 = 500 克,1 两 = 50 克。
>
> 以前,我国还曾长期使用 1 斤=16 两的计量方法。成语“半斤八两”的原意就是指“半斤”等于“八两”。

前些时候热播的电视剧《芈月传》中有这样一个片段：芈姝出嫁到秦国，芈月随行，由于一路颠簸，水土不服，到了秦国边境的时候，芈姝病倒了。芈月拿着随行的楚国医生开的药方去抓药，可是跑遍了整个街，也没有抓到药。这些药，都是些普通的药，芈月却无法抓到药，你们知道是为什么吗？原来，楚国和秦国相距非常远，方言不一样，抓药的计量单位也不一样。好不容易找到一个稍微懂楚国语言的人，又不会楚国和秦国计量单位的换算。好在最后终于遇到一个在楚国生活过的秦国人，又懂语言又知道计量的单位的换算，才解决了这个难题。

古代重量单位

秦始皇统一六国之后，由于六国重量、长度、面积等单位都不一致，严重影响了百姓的日常生活和社会发展，于是丞相李斯上奏秦始皇，建议废除六国旧制，把各种计量单位从混乱不清的状况中统一起来。奏章得到了秦始皇的允许。

李斯开始安排人调查，最后根据实际情况，确定重量单位为“铢、两、斤、钧、石”，其中，二十四铢为一两，十六两为一斤，三十斤为一钧，四钧为一石。

“二十四铢为一两”：有些物品很珍贵，比如药材，需要精确地称，为了方便使用，就规定二十四铢为一两，可称半两、三分之一两、四分之一两，六分之一两等等。

“十六两为一斤”：那时十六两秤叫十六金星秤，每一两就是一颗星，十六两就是十六星(如图9)。它们由北斗七星、南斗六星和福、禄、寿三星组成。卖货人如把东西称给人家足足的,就得足了星(特别是福禄寿);如果卖货人要滑头克扣一两就减“福”,克扣二两就损“禄”,克扣三两就折“寿”。

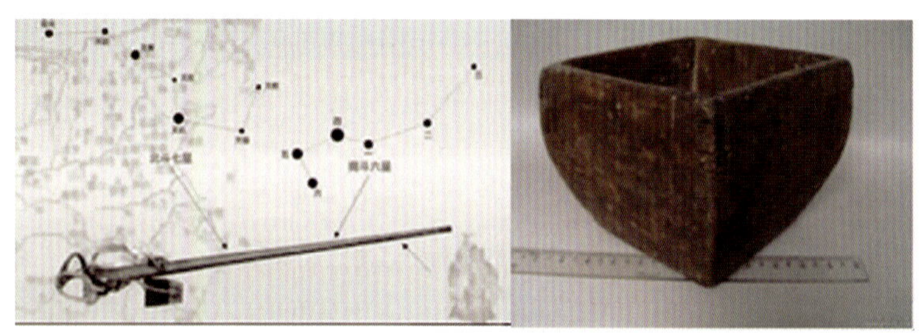

图 9　　图 10

“三十斤为一钧”:一钧(如图10)是一个士兵一周(古时有大小周之分,一月四周)的口粮。

“四钧为一石”:是一个士兵一个月的口粮。

成语中的古代重量单位

成语中常出现古代的重量单位,如“担、石、斛、斗、升、钧、斤、两”等,虽然这些古代重量单位距离我们当今的社会生活十分遥远,大多早就淘汰不用了,不过,理解古代重量单位的含意,对于我们今天学习成语还是很有帮助的。

“一钱如命”:意思是把一文钱看得像性命那样重,比喻极端吝啬。

“半斤八两”:古代一斤等于十六两,那么“半斤”就和“八两”是一样重的。这个成语通常用来比喻彼此不分上下,多用于贬义。

“斤斤计较”：常用于形容一丝一毫也要计较，或过分计较无关紧要的事情。

“千钧一发”：古代三十斤为一钧，这个成语的意思就是一根头发悬挂住三万斤重的东西，比喻极其危急。

“车载斗量”：用车装，用斗量。形容数量很多。

“八斗之才”：“才”指文才，才华。比喻人富有才华。

此外，还有分斤掰两、锱铢必较、尺板斗食、力敌千钧、雷霆万钧等等。

我也来穿越

（相声）

甲：好久不见，最近忙什么呢？

乙：不瞒你说，最近在看《来自星星的你》，穿越剧。

甲：听说这剧很火啊，你看了有什么体会？

乙：甭提了，穿越剧看多了，一个字，惨！

甲：说来听听，怎么个惨法？

乙：那天看《来自星星的你》看得太晚了，早上起来，家里都没人了，我一看，好家伙，我居然回到了古代。大概是唐朝吧。

甲：唐朝好啊，大唐盛世，经济繁荣，国泰民安，你要过好日子了。

乙:是呀,我穿着唐朝的服装,来到大街上,一片繁荣啊。走着走着,就饿了。

甲:上饭馆啊。

乙:我来到饭馆,店小二立刻迎上来。

甲:客官,你要吃点什么?

乙:我一想,来点唐朝的小酒吧。听说古时候的计量单位是钧,为了不露馅,我便对小二说:“来几个小菜,一钧小酒。”

甲:好嘞,一钧小酒,几个小菜,马上来!

乙:不一会,小菜上来了,酒上来了,我的妈呀,整整一坛酒。

甲:你要一钧酒,怎么变一坛了?

乙:小二说了,一钧就是三十斤,三十斤正好一整坛。

甲:得了,醉死你吧!

乙:这个唐朝不好呆,赶紧溜吧。

甲:敢情这穿越也来去自由啊!

乙:还是把书本知识学好了再来玩穿越吧。

甲:有这觉悟,挺好。得了,回去吧。

乙:好嘞!

你知道几何形状和图案在生活中的运用吗？

在我们的日常生活中经常会用到各种几何形状和图案。其实，我们的祖先早就对简单的几何形状和图案有了认识。

苏教版小学数学三年级上册第 45 页“你知道吗”告诉我们：

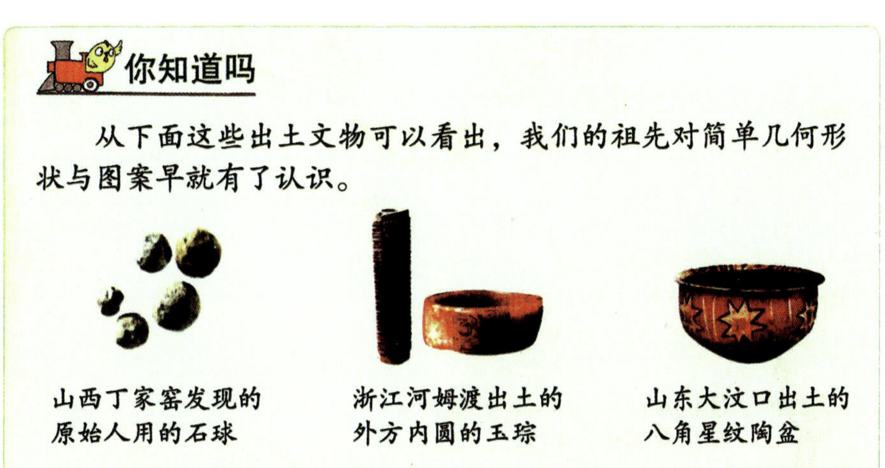

你知道吗

从下面这些出土文物可以看出，我们的祖先对简单几何形状与图案早就有了认识。

山西丁家窑发现的原始人用的石球	浙江河姆渡出土的外方内圆的玉琮	山东大汶口出土的八角星纹陶盆

我国是一个有着五千年历史文化的国家。从一些出土文物中可以看出，我们的祖先对简单的几何形状和图案也颇有造诣。

几何图形在我国古代建筑中的运用

我们的祖先在建筑上充分利用几何图形。福建土楼就是其中一例。

福建土楼产生于宋元，成熟于明末、清代和民国时期。福建土楼是分布最广，数量最多，品种最丰富，保存最完好的土楼。它是客家文化的象征，故又称“客家土楼”。福建土楼是世界独一无二的大型民居形式，被称为中国传统民居的瑰宝。2008年7月6日，在加拿大魁北克城举行的第32届世界遗产大会上，福建土楼被正式列入《世界遗产名录》。

土楼建筑最著名的特征，就是各个楼都充分利用了几何图形。图11中，集庆楼为圆形土楼，两环；田螺坑土楼群是由5幢土楼组成的，田螺坑东、西、北面环山，南面为梯田，5座土楼依“金木水火土”进行布局，一个方形土楼属土居中，4座圆形楼环其上下左右；河坑土楼群，有6座圆土楼和13座五角形的南薰楼。还有初溪土楼群，由内外两环同心圆建筑组成。裕昌楼，为圆形土楼，因楼间栏杆多是倾斜，所以又称斜楼；齐云楼是单圈结构，屋内天井圆形，屋顶瓦面内侧连缘为八卦形，外侧边缘为圆形；遗经楼，方形土楼；奎聚楼，是宫殿式结构的方形大土楼；衍香楼，圆

形土楼……

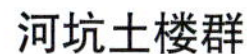

河坑土楼群

集庆楼

田螺坑土楼群

图 11

几何图形的其他运用

我们的祖先也在建筑的装饰上巧用几何图形(图12所示是古建筑上的窗户造型),还在兵器制造等很多方面融入了几何图案。湖北省博物馆镇馆之宝——越王勾践剑(如图13),便堪称几何图案运用的经典。

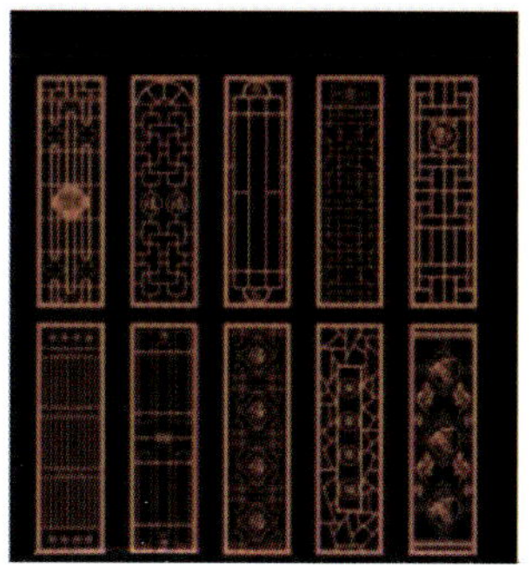

图 12

越王勾践剑，于1965年12月在湖北省荆州市江陵望山的一座楚国贵族墓中出土。剑身全长55.6厘米，虽然已深埋地下2300多年，仍光洁如新，寒气逼人，锋利无比（曾试之以纸，二十余层一划而破）。握剑处向外翻卷成圆盘型，内铸有11圈同心圆。剑的正面用蓝色琉璃、背面用绿松石镶嵌成美丽的几何花纹。剑身较宽，两面均满饰黑色菱形花纹。

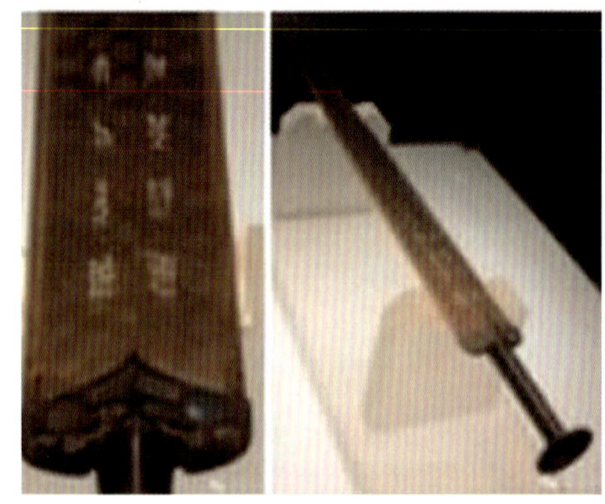
图 13

其实，我们现代人的生活，更是和几何图案息息相关。比如，我们的公园中处处可见各种各样的几何图案（见图14）。

图 14

谁最美

几何图形王国里，今天可热闹了，大家今天讨论的话题是：谁最美？

圆：在几何图形中，我最美！我们“圆”家族在美学领域，有着相当重要的地位。

正方形：我们正方形，难道不美吗？我们各边相等，各角相等，对称和谐，是很多地砖、瓷砖的最佳选择图形。

长方形：我们长方形也不差啊，最美的长方形长与宽的比是 1∶0.618，满足黄金分割。拍照片时，人们都喜欢用长方形，这样拍出的照片最美。

三角形：我们三角形也很美啊，鲜艳的红领巾就是三角形的。我们三角形不仅美，而且因为我们三角形稳定性强的特点，在生活中有着不能代替的作用，比如照相机的三脚架、金字塔、钢架桥、三角形钢架等等。

梯形：三角形说这话，我就不服气了，好像我们梯形具有不稳定性质，就不美，就一无是处了吗？

三角形：那你说说，你们梯形哪里美？有什么作用呢？

梯形：我们梯形的美，不像你们美得那么张扬，我们低调、内敛。我们等腰梯形有对称美，非等腰梯形有不对称美。生活中，也离不开梯形，像吊扇的叶片，有些烤火箱、水坝的形状都是梯形。最典型的，爬高的梯子，能做成三角形的吗？

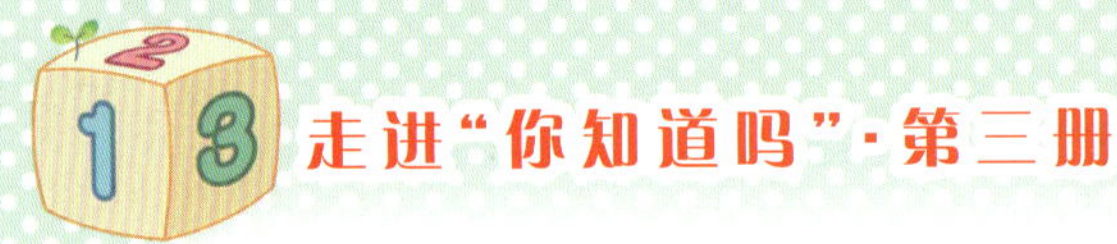

正方形、长方形：三角形，你什么意思，我们四边形的不稳定性，就是你嘲笑的对象吗？

圆：要说不稳定性，我最不稳定，难道我也一无是处吗？

智慧老爷爷：你们都不要吵啦，听了大家的话，我觉得各有各的理，但是你们都是仅仅站在自己的角度来看自己的美，而忽略了身边的美。其实，每一种几何图形，都有它自己的美和作用，是别的图形无法代替的。所以说，你们都是最美的！

几何图形成员：还是智慧老爷爷讲得最好！此处应有掌声。（掌声响起）

你知道“对称”的秘密吗？

在我们的生活中有很多对称的现象，你发现了吗？

苏教版小学数学三年级上册第86页“你知道吗”告诉我们：

你知道吗

蝴蝶、蜻蜓等昆虫能在空中自由地飞行，是因为它们都有一对或几对对称的翅膀。在自然界中，有许多对称的现象，你发现了没有？

古今中外，有许多著名的建筑也是对称的。让我们看看下面这些对称的建筑，感受它们的美丽、雄伟和壮观。

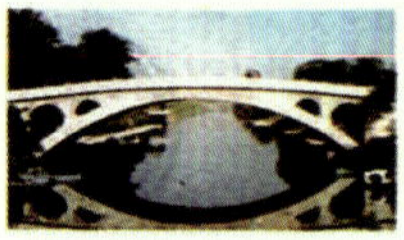

赵州桥

人民大会堂

故　宫

中山陵

巴黎埃菲尔铁塔

黄鹤楼

伦敦塔桥

印度泰姬陵

你还知道哪些对称的建筑？互相说一说。

收集一些对称的图案或对称物体的图片，和同学一起欣赏。

对称很有意思吧。比如：这张蜻蜓的图案，如果沿中间的折痕对折，左右两边的图案是能够完全重合的。正因为有了两对对称的翅膀，蜻蜓才能够在空中自由地飞行。

再如故宫的图案，左右对称给人以安静、庄重、威严的感觉。古今中外教堂、庙宇、宫殿等，都有以对称为美的基本要求。

对称在哪儿存在

一、自然界中的对称

对称在自然界中普遍存在。瞧,这些娇艳的花朵在长期的进化中,花瓣都保持了对称的特性(如图15),这样更有利于它们的繁衍。

在摄影中有一种常见的对称式摄影,自然的风景和水中的倒影,形成一幅完美的图画(如图16)。

动物在长期的进化中除了身体是对称的,连身上的装饰也是对称的。你看,对称的孔雀屏(如图17)是不是很漂亮啊!

图 15

图 16

图 17

二、艺术中的对称

人是具有独一无二的对称美的,所以人们又往往以是否符合"对称性"去审视大自然,并且创造了许许多多的具有对称美的艺术品,如服饰、雕塑、和建筑……

脸谱,是一种具有中国特色的特殊化妆方法,被公认为是中国传统文化的标识之一。每一个脸谱都代表一个典型的人物。比如,红脸代表忠诚,白脸代表奸诈。京剧中的脸谱(如图18)都是对称的。

中国的艺术博大精深,根据云冈石窟中的"飞天"而创作的舞蹈《千手观音》,在雅典残奥会闭幕式上的表演举世震惊。人们也从中感受到了对称的美(如图19)。

从远古时期开始,人们便开始用各种几何图形对称地装饰器皿(如图20)。

图 18

图 19

图 20

三、工业造型中的对称

工业造型与许多其他艺术一样,没有一个固定不变的模式,但至少有一个以轴(或面)为对称的几何图形(如图21)。

图 21

四、微观世界的对称

随着科技的不断发展，物体微观世界的基本结构也逐渐呈现在我们的眼前。原来，在奇妙的微观世界中也有对称的完美存在（如图22）。

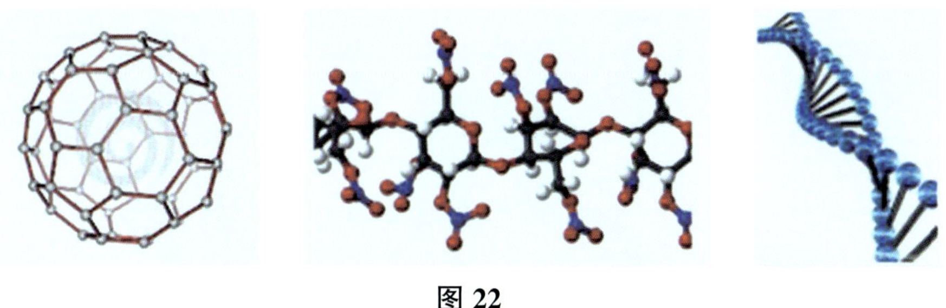

图 22

对称的作用

一、能体现美观

对称的图案美观。人类天生喜欢对称，往往会被均衡的比例所吸引。

二、对称能保持平衡

对称本身具有平衡感，比如：飞机的两翼。对称具有单纯、简洁的美感，是平衡的最好体现。

三、是健康和生存的需要

如果我们只有一只眼睛，不仅视野变小，对目标距离的判断不精确，而且对物体的立体形状的认知也会发生扭曲。野外生存的动物会因此失去定位的能力，这意味着它们的生命随时会受到威胁。对于花朵，如果花冠的发育失去对称性，雄蕊就会失去受粉能力，不能传宗接代，物种将绝灭。

四、是一种特殊的需要

古时候出于防卫、安全的需要，建筑也是对称设计的。

比如，图23所示的四角炮楼，会高出其他房屋，这样可以互相瞭望、开火，其功用显然是为了警戒和打击敌人。

图 23

制作“相亲相爱的小天鹅”

图24中的剪纸都是对称的，漂亮吗？你想剪一个对称的剪纸作品吗？一起来剪一对相亲相爱的小天鹅吧。

图 24

1. 对折。如图25,把一张长方形纸对折，边对边、角对角重合。
2. 画。如图26,沿对折后中间线,在纸的一面画上喜欢的图案。

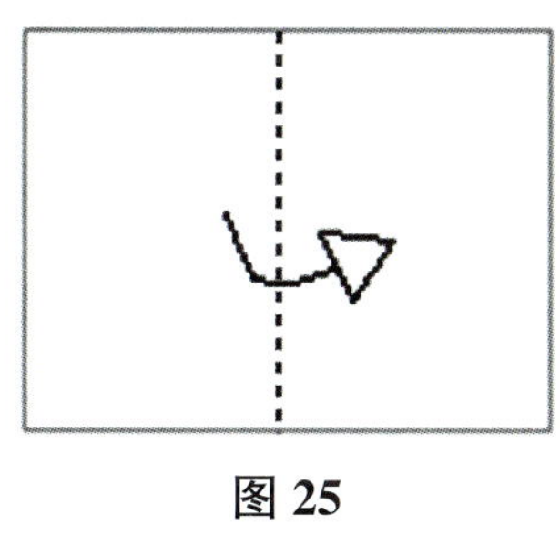

图 25

图 26

3. 剪。如图27,沿图案边缘剪开。
4. 展开。如图28,一对相亲相爱的天鹅就做好了。

图 27

图 28

你知道“分数”是怎么演变来的吗？

古人类在长期的社会生活中，产生了数字。如1头鹿、2只兔……并开始使用石子、结绳刻痕等记录整数。可是随着社会的发展，分东西时整数不够用了，那该用什么数来表示呢？

苏教版小学数学三年级上册第92页“你知道吗”告诉我们：

你知道吗

在古代，人们分东西（果实、猎物等）时经常出现结果不是整数的情况。于是，渐渐产生了分数。

我国很早就有了分数，最初用算筹表示，如把$\frac{2}{5}$表示成||/|||||。

后来，印度人发明了数字，用和我国相似的方法表示分数，如把$\frac{3}{4}$表示成$\begin{matrix}3\\4\end{matrix}$。再往后，阿拉伯人发明了分数线，就把分数表示成现在这样了。

原来,聪明的古人想出了用分数来记录不能分得整数的情况。

世界上关于分数的最早记载

公元1858年,一位名叫亨利·E.林特的英国人,在埃及发现了一卷古代纸草(如图29)。林特像得了宝藏似的，立即请德国考古学家萨罗尔翻译纸草上记载的古埃及文。艾萨罗尔共花了19年的时间,直到1877年,才把纸草卷中的内容翻译了出来，成为考古历史上的一大成就。这是关于分数的最早记载。

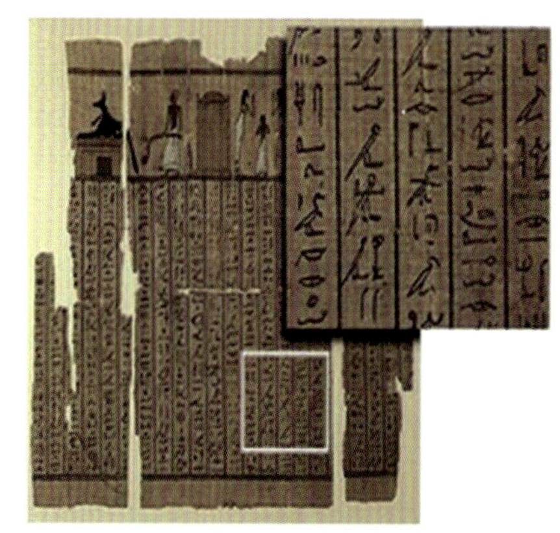

图 29

分数的其他表示方式

图30所示的分数挺有意思的，这是古埃及人的表示方法，它表示的可不是2个分数。因为古埃及人表示的分数都是分子为1的分数，那么，当遇到分子不是1的分数怎么办呢？

比如$\frac{2}{3}$，古埃及人是用$\frac{1}{2}+\frac{1}{6}$来表示的。他们还发明了用来表示$\frac{1}{10}$呢！古代人的智慧不得不佩服呀！

图31中的分数又是怎么回事呢？1845年，德摩根在他的一篇文章《函数计算》中提出以斜线“/”来表示分数线。把分数四分之一以1/4来表示，有利于印刷排版，故现在有些印刷书籍还会采用这种斜线“/”分数符号。

图 30　　图 31

巧"借"一马，解分马难题

一位老人有三个儿子。老人生前立下遗嘱：将家里的11匹马分给三个儿子，老大得总数的$\frac{1}{2}$，老二得总数的$\frac{1}{4}$，老三得总数的$\frac{1}{6}$，分时不许杀马。那该怎么分呢？兄弟们急得团团转。这时邻居来了，他说："我把自己的1匹马借给你们再分吧。"

邻居将自己的1匹马借给三兄弟，使老人的遗产成为12匹马，然后按总数的$\frac{1}{2}$、$\frac{1}{4}$、$\frac{1}{6}$的比例分配，兄弟三人分别分配得6、3、2匹马，余下的1匹马仍由那个邻居牵回。这里就巧用了"借"的学问。

多义的"分数"

"分数"是数学中的一种数。其实，在日常生活中，"分数"这个词往往表示评定成绩或胜负时所记分的数目。比如，小明今天数学考试的分数是100分，篮球比赛的分数是91∶85。

中国语言文化博大精深，"分数" 在不同的语境中还有很多其他含义。如：宋代王安中《清平乐·和晁倅》："花时微雨，未减春分数"，这当中的""分数"表示的是一种程度。宋代苏辙《乞废忻州马城池盐状》："其盐夹硝，味苦，人不愿买。故自四五年来作分数抑卖与铺户"，这当中的"分数"表示比例。

你知道“铺地锦”的乘法计算方法吗?

“铺地锦”是我国古代的一种乘法计算方法,它是利用方格来计算乘法的一种很有意思的方法。

苏教版小学数学三年级下册第 14 页“你知道吗”告诉我们:

你知道吗

我国明朝的《算法统宗》里讲述了一种“铺地锦”的乘法计算方法,是利用方格来算的。例如,计算 62 × 37,先把乘数分别写在方格的上面和右面,然后把一个乘数各位上的数分别和另一个乘数各位上的数相乘,积写在相应的方格里(如 6 乘 3 得 18,写在左上方格里),再从右下方开始,把斜对着的数分别相加,就得到相乘的积 2294。

6	2	
1/8	0/6	3
		7

→

6	2	
1/8	0/6	3
4/2	1/4	7

→

	6	2	
2	1/8	0/6	3
2	4/2	1/4	7
	9	4	

这种计算两位数乘两位数的方法是不是很有趣？最后斜对着的数分别相加时，要记得“满十进一”哦。

其实，在其他国家的某些地区，还有下面这样的两种乘法计算方法：

$46\times32=1472$

$$\begin{array}{r} 46 \\ \times\ 32 \\ \hline 1200 \\ 180 \\ 80 \\ 12 \\ \hline 1472 \end{array}$$

$46\times32=1472$

$$\begin{array}{rrrr} & & 4 & 6 \\ \times & & 3 & 2 \\ \hline & & 1 & 2 \\ & & 8 & \\ & 1 & 8 & \\ 1 & 2 & & \\ \hline 1 & 4 & 7 & 2 \end{array}$$

这些乘法计算方法和“铺地锦”的方法看起来不同，但是其中的道理都是一样的，都是先分别算出有几个一、几个十、几个百、几个千，再把它们合起来（如图32）。数学家们将这些方法做了进一步提炼，并不断地加以优化，最后得到了我们现在所运用的竖式计算方法。

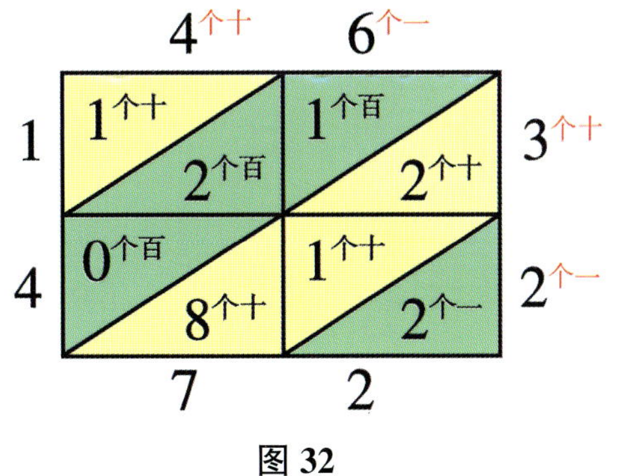

图 32

“铺地锦”是古代的一种神奇的算法，其中还蕴藏着很多有意思的知识。

“铺地锦”与《算法统宗》

“铺地锦”是一种在事先画好的格子上进行笔算的方法。这种方法原来曾经在印度、阿拉伯和欧洲广为流行，又称为“格子算法”，大约在15世纪传入我国。由于这种计算方法中数字密密麻麻、排列有序犹如锦缎，很漂亮，因此古人给它起了一个非常形象的名字——“铺地锦”。

《算法统宗》是我国明朝数学家程大位的著作。他喜欢用歌诀的形式表述算法，“铺地锦”的算法就被他写成了一首“写算歌”：

写算铺地锦为奇，不用算盘数可知。

法实相呼小九数，格行写数莫差池。

记零十进于前位，逐位数数亦如之。

照式画图代乘法，厘毫丝忽不须疑。

第一句的意思是：铺地锦的方法很奇妙，不用算盘就能得出结果。

第二句的意思是：把两个因数按照乘法口诀写在相应的格子里，不要写错 。

第三句的意思是：从右下方的格子开始加起，满十还要进位，一位一位这样做下去，就能依次得到积的个位数、十位数、百位数、千位数等等。

最后一句的意思是:用这种画图法来代替乘法,得数非常准确不必怀疑。

除了计算两位数乘两位数,用这首"写算歌"还可以算出三位数乘两位数,甚至是多位数乘多位数。

我们来看两道多位数乘多位数的计算题:357×46,934×314。

首先“照式画图”,只不过,一个是画一个长3格、宽2格的长方形,一个是画长3格、宽3格的长方形:

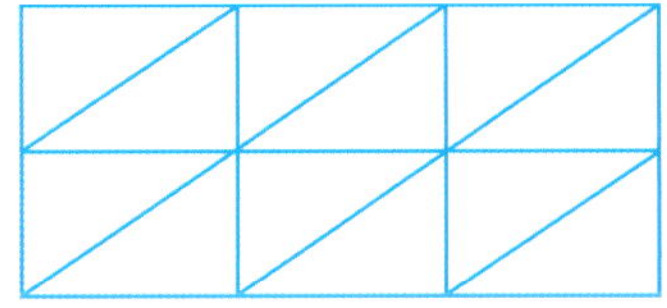
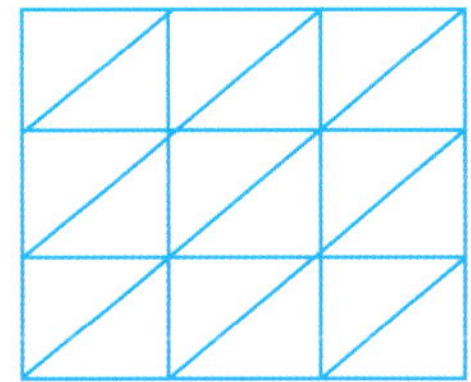

答案如下:

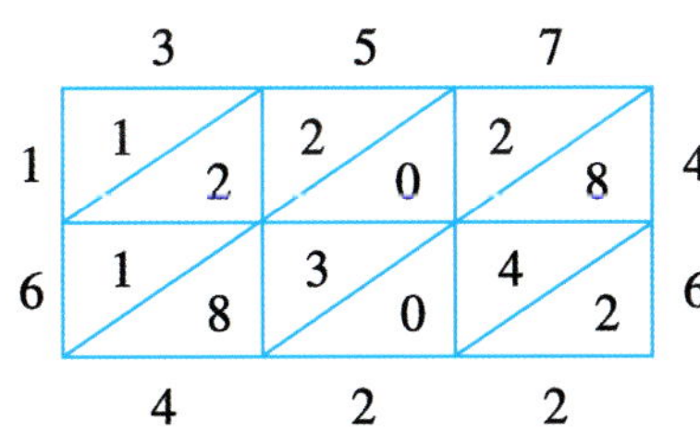

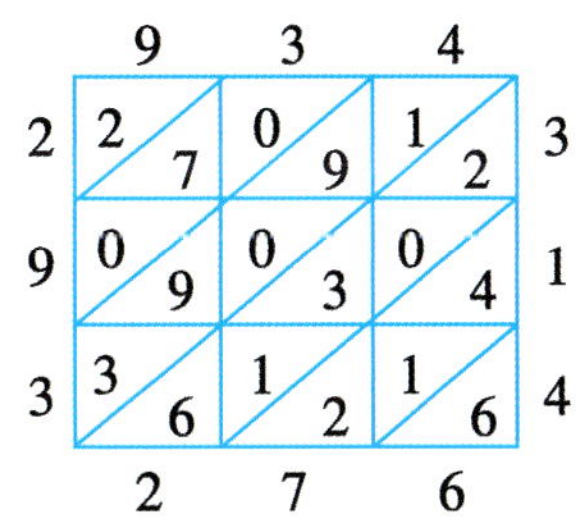

“铺地锦”的确有它的独特之处。其优点是:乘的时候只须专心致志地按照乘法口诀填写表格,不必考虑进位的问题,把进位的问题留到最后写积时再集中注意力一并考虑,符合“一心不可二用”的规律,不容易出现错误。缺点也比较明显:每次做一题就要画一次格子,格子较多时也会给计算带来不便。

画线乘法

以21×13为例。

如图33所示，数字“21”用横线表示——上面画2条直线，下面画1条直线；数字“13”用竖线表示——左边画1条直线，右边画3条直线。计算方法是这样的：右下角的三条直线相交一条直线，有3个交点，记作3；图形左上角的两条直线相交一条直线，有2个交点，记作2；同理，图形的左下和右上别记作1和6，将1与6相加得7，最后写出结果是273。

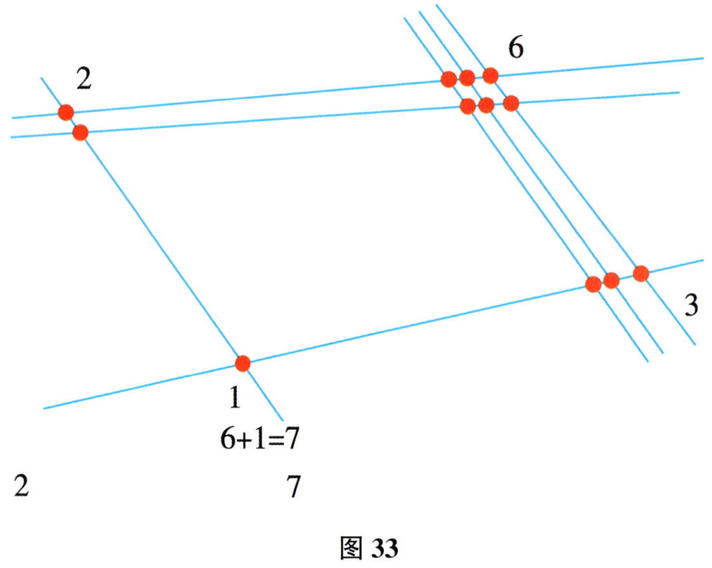

图 33

其实，“画线乘法”和“铺地锦”虽然方式不同，但其计算原理是相同的。这些方法，恰恰向我们揭示了乘法计算经历的“图示—数形结合—竖式”的过程。

用石块做复杂乘法运算的古老部落

小朋友们,在生活中常用的计算工具是电子计算器,还有古老的算盘。但你们知道吗,在非洲埃塞俄比亚的一些部落,它们的计算工具既不是计算器,也不是算盘,而是圆形的小石块,他们能用小石块作数的"倍加"和"减半"运算,进而求出任何两个数的积。

他们是怎样计算的呢?看下面两个例子。

一个部落的族人在市场上买了35只鸡,每只鸡的价格是21元,他们在计算总钱数时,把21块小石块放在左边,35块小石块放在右边。左边的小石块数减半为21÷2=10.5,将10.5的小数部分0.5舍去得到10,同时右边的数加倍为70,如此反复进行计算,直至左边一栏的数变成1为止,过程如图34。

21	35
10	70
5	140
2	280
1	560

图 34

埃塞俄比亚部族的人比较迷信,他们认为图中左边一列上的双数以及同行右边一列上的数是"邪恶有罪"的,必须同时去掉。于是去掉左边的10及右边的70,去掉左边的2及右边的280,然后把右边一列剩余的数相加,35+140+560=735。735元就是买35只鸡应付的钱数。

他们的这种算法对不对呢?我们用乘法来计算:

21×35=735(元),答案完全相同。(真是奇迹呀!)

有的小朋友也许会有疑惑:会不会是碰巧呀?再复杂一些的乘法也能这样计算吗?回答是肯定的。比如54×68,215×77。

用上述方法操作,如图35和图36。

54	68
27	136
13	272
6	544
3	1088
1	2176

图 35

215	77
107	154
53	308
26	616
13	1232
6	2464
3	4928
1	9856

图 36

显然按埃塞俄比亚部族的方法,

算式①最后结果为:

136+272+1088+2176=3672。

算式②最后结果为:

77+154+308+1232+4928+9856=16555。

小朋友们,赶快用你们学习的三位数乘两位数的方法算一下,看和上述算法的结果是否吻合……呵呵,结果肯定吻合吧,是不是太神奇啦!

你们看,这种方法是不是很有趣啊,赶快找一些小石子,也来动手算一算吧。

好玩又有趣的乘法手指操

小朋友们，今天我要教你们一套好玩又有趣的乘法手指操哟，赶快一起来动动我们的小小手指头吧！

步骤一：首先伸出双手掌心向着自己，拇指自然上指，在大拇指向小拇指方向依次标上6~9(如图37)。

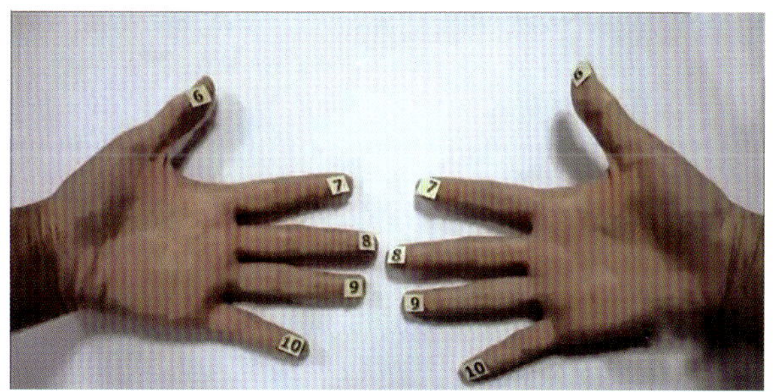

图 37

步骤二：以7×8为例。将标号为7的手指对上标号为8的手指，相连接的指头以及上面的指头称为带点指头，位于带点指头下方的指头称为悬空指头(如图38)。

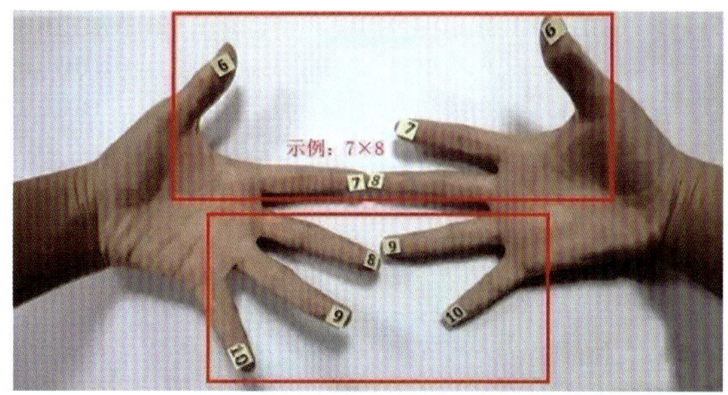

图 38

步骤三：带点指头的数量相加就是所得结果的十位数数字（如图39），十位数应为5。

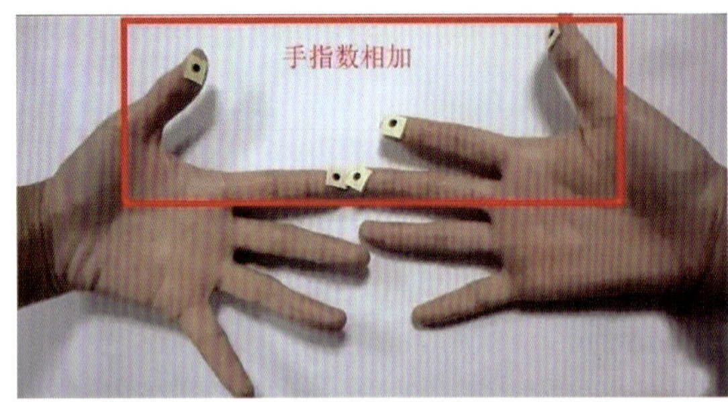

图 39

步骤四：左手悬空指头数乘右手悬空指头数就是所得个位数（如图40），个位数应为6，所以，7×8=56就可以算出来啦！

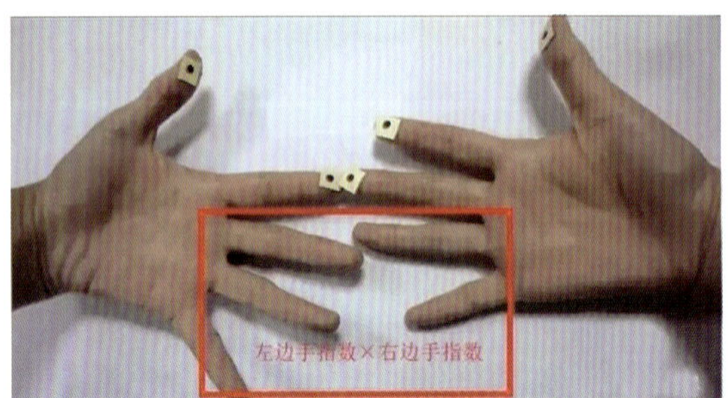

图 40

你知道测量工具有哪些吗？

现在我们一般用尺来测量物体的长度，用秤称物体有多重，你还知道哪些测量工具？它们是如何进行测量的？它们的发展历史又是怎样的呢？

苏教版小学数学三年级下册第 26 页“你知道吗”告诉我们：

你知道吗

在古代，人们在日常生活中经常需要知道物体的长短、田地的大小和物品的轻重等，这就逐渐有了长度、面积、质量等量的概念。

开始，人们用身体的某一部分，如一拃、一度、一步来测量长度，用掂一掂的方法确定物体的轻重……后来，人们逐步发明了一些测量工具，如用尺量物体有多长，用秤称物体有多重，测量就方便多了。

用步测　用步弓测　用卷尺测
用斗量　用秤称

随着社会的进步，各种测量工具不断改进，测量也越来越精确。

目前，世界上主要用各种量尺来测量长度，常见的量尺有直尺、卷尺、游标卡尺等；而测定物体质量的衡器，常见的有杆秤、台秤、地磅等。

各种各样的“尺”

尺子是最常用的长度测量工具,它的种类很多,除了我们常用的米尺、直尺和三角板以外,还有什么呢?

图41中是裁缝师傅用来量体裁衣的尺。

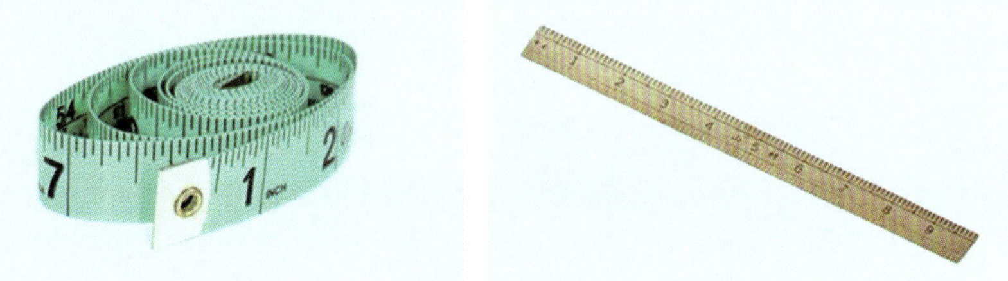

图 41

图42中是用来丈量土地、道路等的皮卷尺。

图 42

图43中是技术人员用来测量精密零部件长度的游标卡尺。

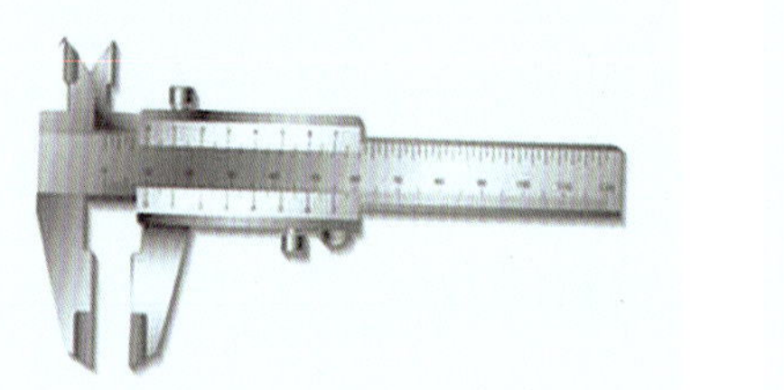
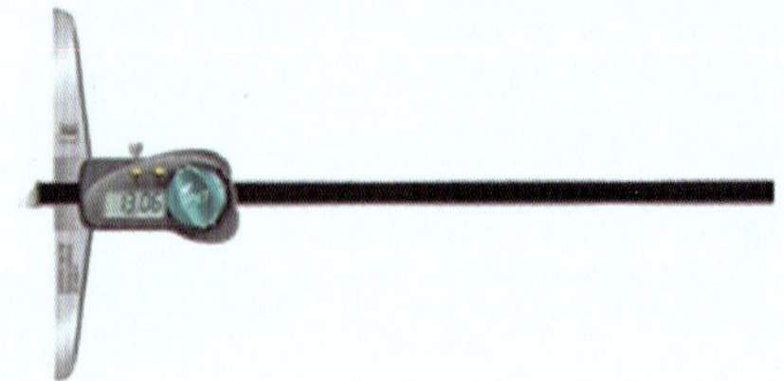

图 43

图44所示，是比游标卡尺更精密的测量长度的工具是螺旋测微器，用它测长度可以准确到0.01毫米，测量范围为几个厘米。

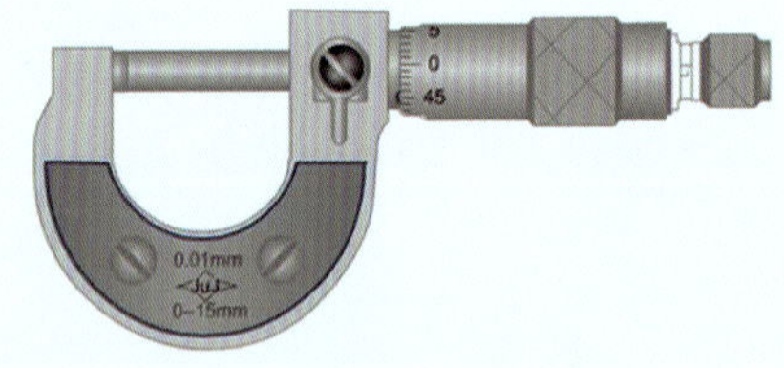

图 44

除了这些常用的长度测量工具以外，还有一些高科技的测量工具。

比如，潜水艇用声纳来测自身到障碍物间的距离（如图45）。

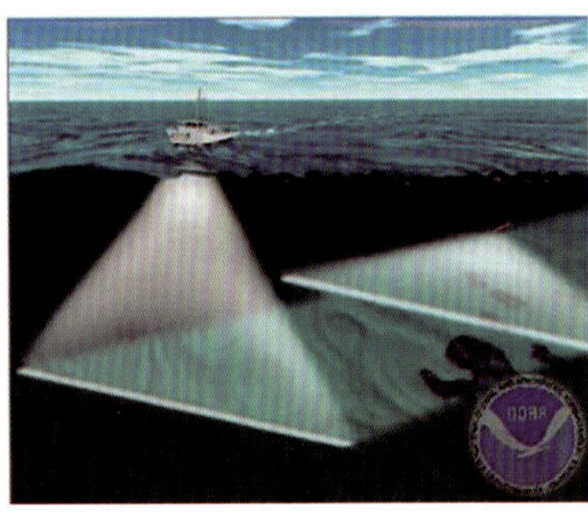
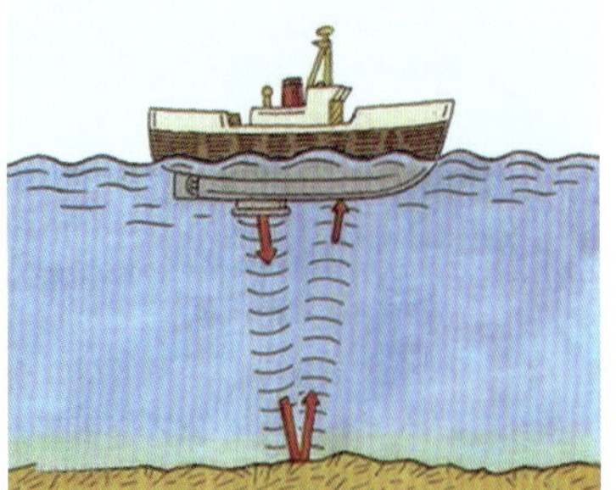

图 45

雷达依靠回波反射来测定物标距离(如图46)。

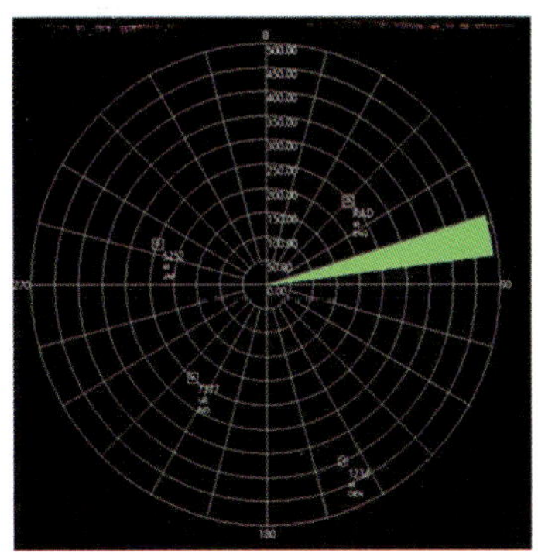

图 46

激光测距则是以激光器作为光源进行测距(如图47)。

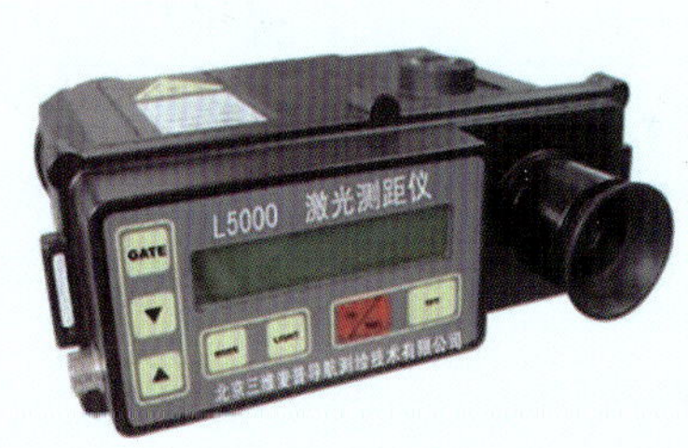

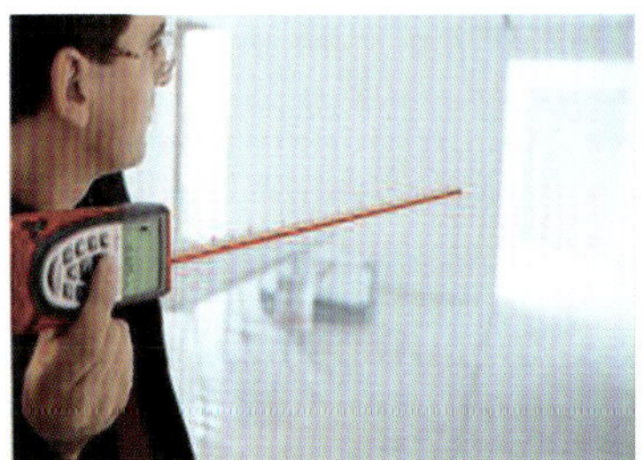

图 47

长度测量的历史

古埃及人以人的前臂来量度长度,这个长度单位称为“腕尺”。埃及著名的库孚金字塔,就是以古埃及法老库孚的前臂作为单位进行量度的。

古希腊人以向两侧伸展手臂、摊开手掌后两个中指指尖之间的长度距离为1噚

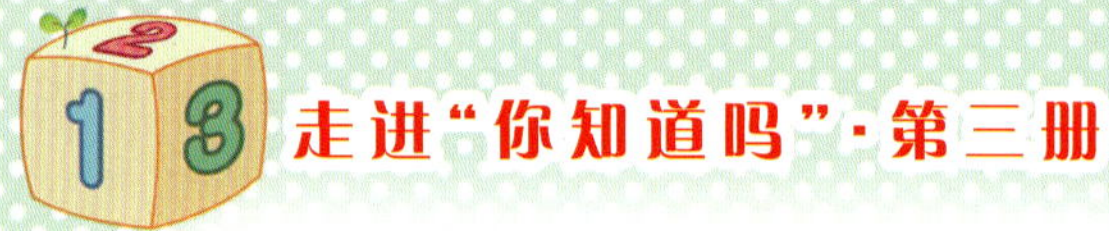

（如图48）。

图48

古罗马凯撒大帝时代，人们把士兵行军时的1000双步定为1哩。

唐太宗李世民将他的左右脚各走一步定为长度单位，称为“步”。

16世纪德国有学者认为每个人的脚长不一样，必须规定一个标准长度。

1790年，法国人贝力格尔提出制定公制尺。测量工作在1799年完成，并使用白金制成米原器。因为地球的大小是永远不变的，就规定以通过巴黎的地球子午线全长的四千万分之一的长度为“1米”。

后来，由于测量精确度的提高，1983年的国际计量大会重新制定了米的新定义：米是$\frac{1}{1299792458}$秒的时间间隔内光在真空中行程的长度。

“米”的长度单位在国际统一后，人们又根据需要分别发明了“千米”“百米”“十米”“分米”“厘米”和“毫米”等，后来“百米”和“十米”使用比较少，人们慢慢也就不再提它们了。

再后来，人们觉得上面这些单位有时还不够用，就在计算太空距离时又发明了长度单位——光年，计算海洋距离时发明了长度单位——海里，计算精小仪器的长度时发明了长度单位——丝米等，使长度单位更全面了。

动手制作弹簧秤

材料：

一根弹簧（或一根牛皮筋）、一张硬纸条、一个挂钩、指针。

工具：

刻度尺，铅笔，2kg砝码（如果没有砝码，可以用2kg质量的物体代替）。

步骤：

1. 将硬纸条与弹簧的一端固定在一起（如图49）。

2. 让弹簧自由下垂，在指针所指的位置标出0刻线（即在A点标出0kg）；

3. 在自制弹簧的挂钩上悬挂2kg砝码（或2kg质量的物体），在指针所指的位置标出相应的刻度值（即在B点标出2kg）；

4. 然后将A点到B点的距离平均分成10份，每一份的刻度就是0.2kg。

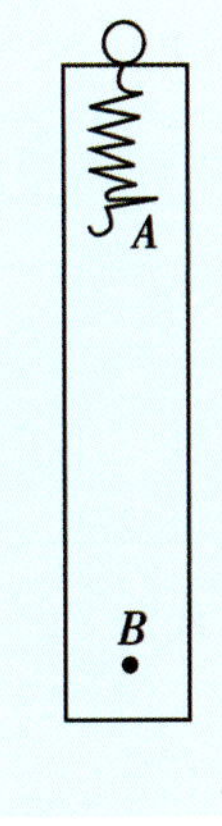

图 49

你知道古人是怎么用算筹计算加减乘除的吗？

用列竖式的方法计算加、减、乘、除，可是这种方法只有几百年的历史，那么在此之前，我国古人是怎样计算加、减、乘、除的呢？

苏教版小学数学三年级下册第 39 页“你知道吗”告诉我们：

你知道吗

列竖式计算加、减、乘、除法，才有几百年的历史。我国古代采用算筹进行加、减、乘、除法的计算。

如 213 + 121，用算筹按下图那样计算。上位和下位的算筹分别表示两个加数，把它们都移到中位上，就得到和。

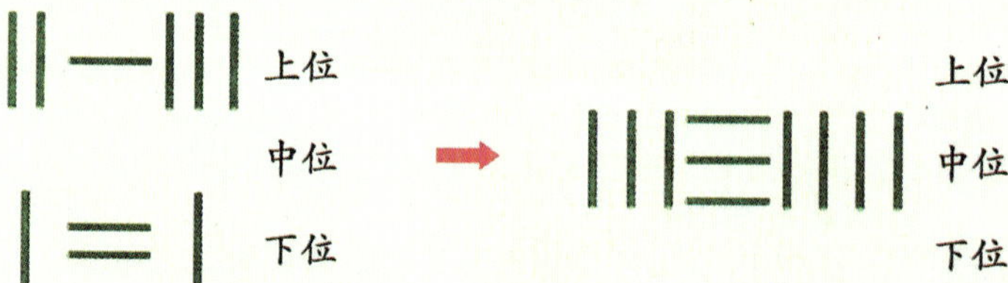

有兴趣的同学可以查找有关资料，看看用算筹是怎样计算减法、乘法和除法的。

算筹是中国古代的计算工具之一，以刻有数字的算筹记数、运算，约始于春秋，直至明代才被珠算代替。上述文字简单地介绍了怎样用算筹计算三位数加三位数(不进位)的加法，那么算筹又是怎样计算减法、乘法和除法的呢？

我国古代算筹计数法

根据史书的记载和考古材料的发现，古代的算筹实际上是一根根同样长短和粗细的小棍子(如图50)，一般长为13厘米~14厘米，径粗0.2厘米~0.3厘米，多用竹子制成，也有用木头、兽骨、象牙、金属等材料制成的，大约二百七十几枚为一束，放在一个布袋里，系在腰部随身携带。需要记数和计算的时候，就把它们取出来，放在桌上、炕上或地上摆弄。这些不起眼的小棍子，在中国数学史上却立有大功。而它们的发明，同样经历了一个漫长的历史发展过程。

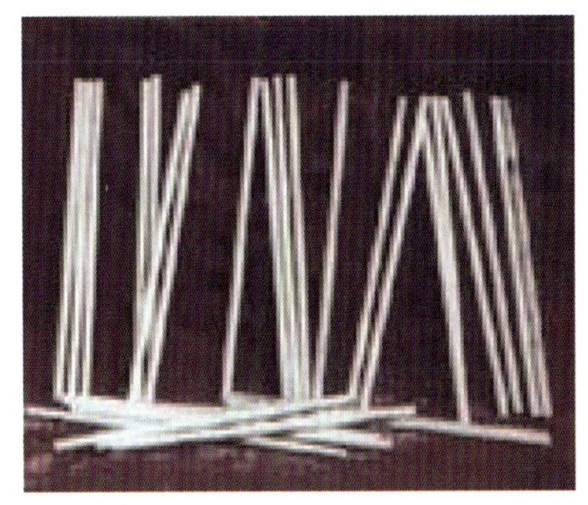

图 50

在算筹计数法中，以纵、横两种排列方式来表示单位数目，其中1~5分别以纵、横方式排列相应数目的算筹来表示，6~9则以上面的算筹再加下面相应的算筹来表示(如图51)。

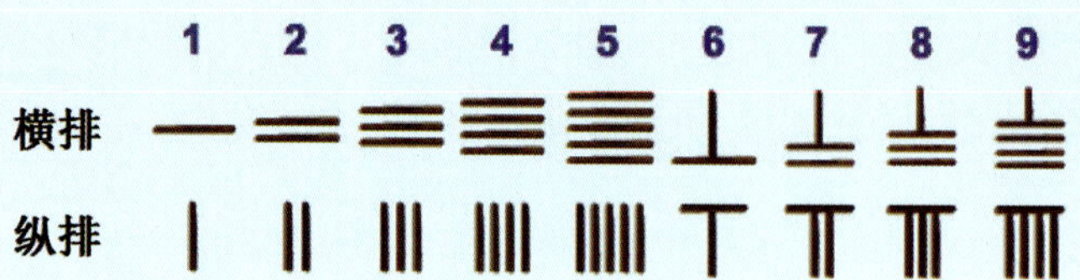

图 51

按照中国古代的筹算规则，算筹记数的表示方法为：个位用纵式，十位用横式，百位再用纵式，千位再用横式，万位再用纵式，遇零则置空，这样从右到左，纵横相间，以此类推，就可以用算筹表示出任意大的自然数了。由于位与位之间的纵横变换，且每一位都有固定的摆法，所以既不会混淆，也不会错位。毫无疑问，这样一种算筹记数法和现代通行的十进位制记数法是完全一致的，如 −Ⅰ 表示 11，−Ⅱ 表示 12，Ⅰ≣⊤表示 146。

用算筹运算，有一套规则和口诀。除了加法，减法乘法除法运算规则如下：

1. 减法。

用算筹计算减法和加法差不多。如247−128，用算筹按图52那样计算：被减数摆在上位，减数摆在下位，把它们相减的差摆到中位上就行了。

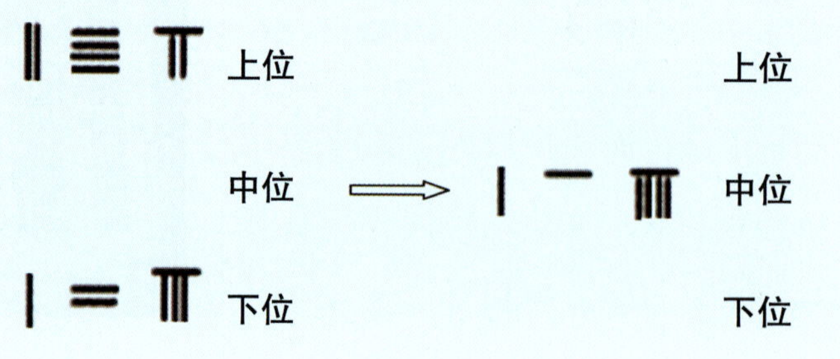

图 52

2. 乘法。

古人乘法是从左至右算(即从高位算起),两个乘数分别在上下位,积放在中间。古人计算用"筹"不用笔,算筹可以任意改变形态,所以从左至右算根本不麻烦。如49×36,计算过程如图53。

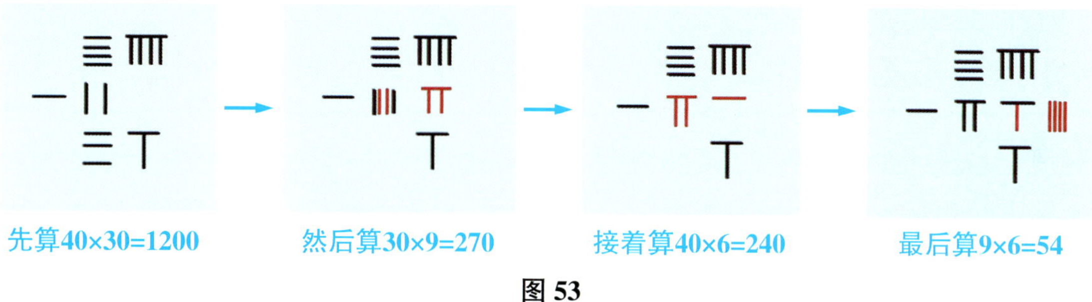

图 53

3. 除法。

除法和乘法相同,是从高位开始算起,如309÷7,计算过程如图54。

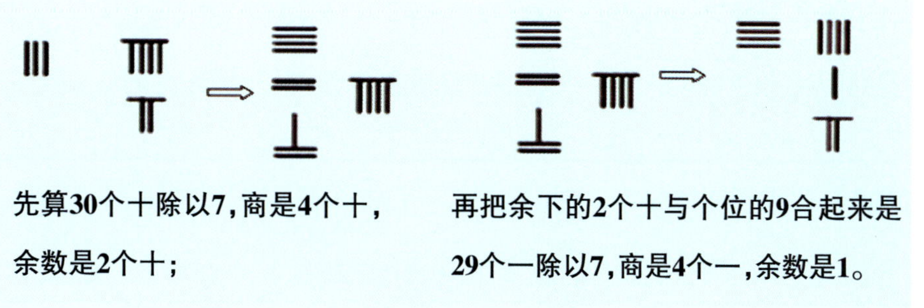

图 54

算筹在我国从周代到元代应用了约二千年,对中国古代数学的发展功不可没,南北朝数学家祖冲之计算圆周率应该就是用算筹完成的。但算筹也有严重的缺点:

运算时需要较大的地方摆算筹，位数越多，问题越难，需要摆的面积越大，用起来不大方便。另一个问题就是运算过程不保留。它的运算过程实际上就是挪动算筹，到了下一步，上一步就看不到了。这样，出现了错误不好检查，学习起来就很困难。元末明初之后，珠算逐渐代替了筹算。珠算仍然有出了错误不便检查的缺点。以后人们不断思考和创新，便有了现在的竖式、计算器以及计算机。随着科技的不断进步，计算工具一定会越来越先进。

古人如何使用算筹

古时候，有一个卖米的商人去县城运货。一大清早，天刚蒙蒙亮，人们都还在睡觉，牲畜们也在美妙的梦乡之中，他就急匆匆出发了。走着走着，就到中午了，商人坐下来，休息了一会儿。这时，他忽然想起了一个问题，他的马车最多能运75袋米，现在马车上已经有34袋米了，最多还能运几袋米呢？商人想来想去，都不知道该运多少。这时，有两根树枝慢慢地掉了下来，让商人有了一点启发：用5根树枝表示5袋米，再用7根稍长一点的树枝表示70袋，并在下面摆3根大的树枝、4根小的树枝，再从5根树枝中拿出4根，7根树枝中拿出3根，就是41了！原来最多能运41袋。商人知道了最多能运几袋，坐起身来，骑上马继续向县城行驶。

你知道什么是“形数”吗？

在数的领域，我们知道有自然数、整数、分数、小数，但是你听说过“形数”吗？“形数”是什么样的数呢？

请看下面这段介绍：

2500年前，有一位很有名的古希腊数学家、哲学家，叫毕达哥拉斯。毕达哥拉斯发现，当小石子的数目是1、3、6、10等数时，小石子都能摆成正三角形。如下图：

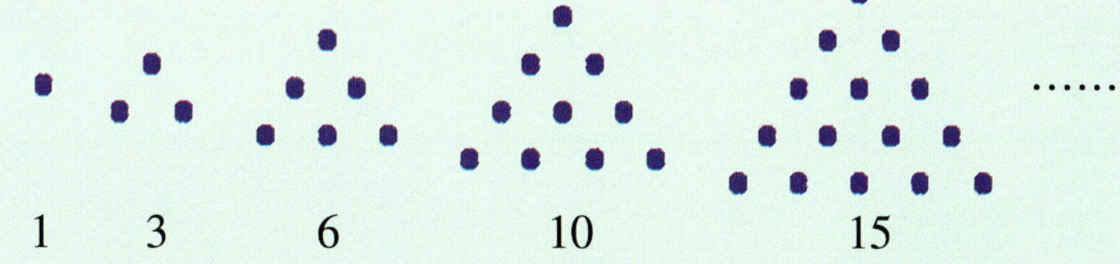

毕达哥拉斯就把1、3、6、10、15……这些数称为三角形数。

有兴趣的同学还可以查阅相关资料，了解其他的“形数”。

我国著名数学家华罗庚曾先生曾经说过：“数形本是两依倚，焉能分作两边飞。数缺形时少直观，形少数时难入微。”毕达哥拉斯把图形和数结合起来，创造了“形数”。

“形数”的由来

2500年前，有一位很有名的古希腊数学家、哲学家，叫毕达哥拉斯。毕达哥拉斯对数学的研究，在当时的世界上处于遥遥领先的地位。“数学”这个词据说就是毕达哥拉斯最先运用的，因而许多学者认为，毕达哥拉斯是古希腊数学的奠基者。毕达哥拉斯把数描绘成沙滩上的小石子，又按小石子所能排列的形状，把自然数与正三角形、正方形等图形联系起来。毕达哥拉斯发现，当小石子的数目是1、3、6、10等数时，小石子都能摆成正三角形，他把这些数叫作三角形数；当小石子的数目是1、4、9、16等数时，小石子都能摆成正方形，他把这些数叫作正方形数；当小石子的数目是1、5、12、22等数时，小石子都能摆成正五边形，他把这些数叫作五边形数……

“形数”的形状

上面已经说到除了三角形数，还有正方形数、五边形数…… 那么这些形数都是怎样摆出来的呢？它们又是什么样子呢？

1. 正方形数（如图55）。

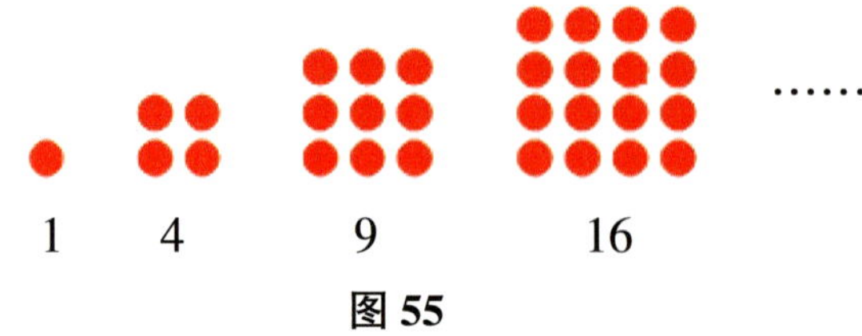

图 55

2. 五边形数(如图56)。

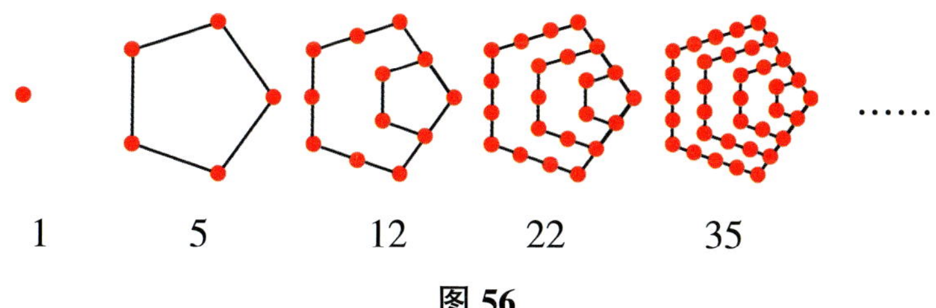

图 56

3. 六边形数(如图57)。

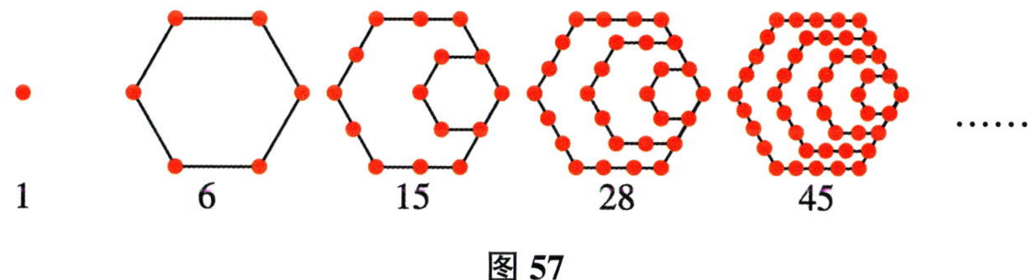

图 57

毕达哥拉斯的传说

在古希腊早期的数学家中,毕达哥拉斯的影响是最大的。他那传奇般的一生给后代留下了众多神奇的传说。

毕达哥拉斯生于萨摩斯(今希腊东部小岛),卒于他林敦(今意大利南部塔兰托)。他既是哲学家、数学家,又是天文学家。他在年轻时,根据当时富家子弟的惯例,曾到巴比伦和埃及去游学,因而直接受到东方文明的熏陶。回国后,毕达哥拉斯创建了政治、宗教、数学合一的秘密学术团体，这个团体被后人称为“毕达哥拉斯学派”。这个学派的活动都是秘密的，笼罩着一种不可思议的神秘气氛。据说，每个新入学的学生都得宣誓严守秘密，并终身只加入这一个学派。该学派还有一种习惯，就是将一切发明都归之于学派的领袖，而且秘而不宣，以致后人不知是何人在何时所发明的。

传说，有一次毕达哥拉斯应邀参加一位政要的餐会，主人家豪华宫殿般的餐厅铺着美丽的正方形大理石地砖。由于大餐迟迟不上桌，饥肠辘辘的贵宾颇有怨言。善于观察和理解的数学家毕达哥拉斯却凝视着脚下这些排列规则、美丽的方形地砖，但他不只是欣赏地砖的美丽，而是想到它们和“数”之间的关系，于是他拿了画笔蹲在地板上，选了一块地砖以它的对角线 AB 为边画了一个正方形，发现这个正方形的面积恰好等于两块地砖的面积和。他很好奇，于是再以两块地砖拼成的矩形之对角线作另一个正方形，发现这个正方形的面积等于 5 块地砖的面积，也就是以两股为边所作的正方形的面积之和。至此毕达哥拉斯作了大胆的假设：任何直角三角形，其斜边的平方恰好等于另两边平方之和。

那一顿饭，这位古希腊数学大师，视线一直没有离开过地面。

你知道一年究竟有多长吗?

你知道一年有多少天吗?平年的一年有365天,而闰年的一年有366天。一年的时间是根据什么来规定的呢?同样是一年的时间,它们的天数为什么会不一样呢?平年和闰年又是怎么规定出来的呢?

苏教版小学数学三年级下册第48页“你知道吗”告诉我们:

你知道吗

地球绕着太阳不停地旋转,每转一周需要365天5时48分46秒。为了方便,人们把一年定为365天。这样,每经过4年就多出23时15分零4秒,把这大约多出的1天加在2月里,这一年就有366天。因此,通常每4年里有3个平年、1个闰年。但由于每4年多算了44分56秒,每400年就多算了3天2时53分20秒。所以,每400年就要少增加3天。于是,就有了“四年一闰,百年不闰,四百年又闰”的规定。

“太阳大,地球小,地球绕着太阳跑;地球大,月亮小,月亮绕着地球跑。”这是一首大家都熟知的儿歌，而"一年的长度"就是地球绕太阳旋转一周的时间，也就是地球公转一周的时间，即一个回归年。

生活中使用的时间单位有很多，最常用的是年、月、日、时、分、秒，除此之外，还有世纪、季度、星期、旬、刻、时辰、更……那么这些时间单位又是怎么来的呢？人类时间观念的形成和时间单位的设定又经历了哪些发展过程呢？

古人在长期的生产劳动中，发现某种事物或现象总是在固定的时间周而复始地发生，如大自然中白天黑夜的不断交替、寒来暑往的永恒运转，社会生活中个人的生老病死、国家的兴衰轮换等。渐渐地，人们形成了时间观念，并由此认定时间的运动是同一个周期的不断上演，好像一个循环不已的圆圈。于是一个个时间单位就这样在人类对世界不断认知和进步中被一一设定。

一日或一天，就是一个白天加一个黑夜，即一昼夜，它应该是最早被人类认知和设定的时间单位之一。再经过不同的等分，设定出时、分、秒等各级较小的时间单位。在中国古代还把一天等分成12个时辰，1个时辰即2个小时；或等分一昼夜为100刻。

随着天文学的发展，人们已经知道一日就是地球本身自转一周的时间。太阳光照到的一边是白天，背光的一面是黑夜。地球不停自转，昼夜不断交替（如图58）。

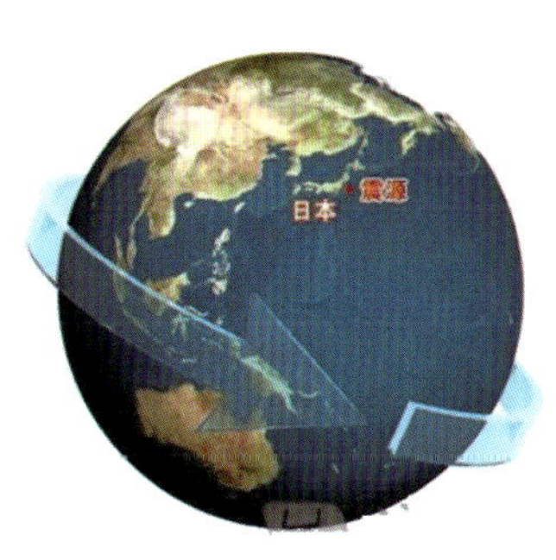

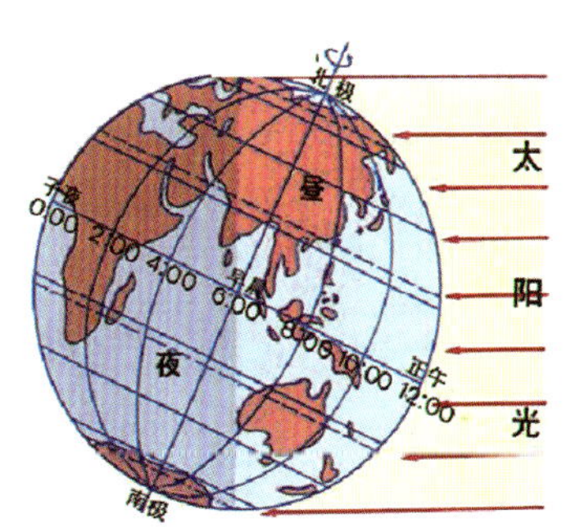

图 58

人类在寒来暑往中感受到春、夏、秋、冬四季的更替，在四季的不断循环中感受到了一个更大的时间运动周期，并把这个周期设定为“年”。“年”是很关键的一个时间单位，但是关于一年究竟有多长的测定，则经历了从不精确到精确的漫长过程。

最初人们是从四季交替中感受一年的变迁，后来人们渐渐不能满足于依靠四季交替来感受一年又一年，而希望知道一年究竟有多少天（日），大家想出了很多千奇百怪的方法，并创造出了许多测定时间的工具，如圭表、日晷、简仪等（如图59）。

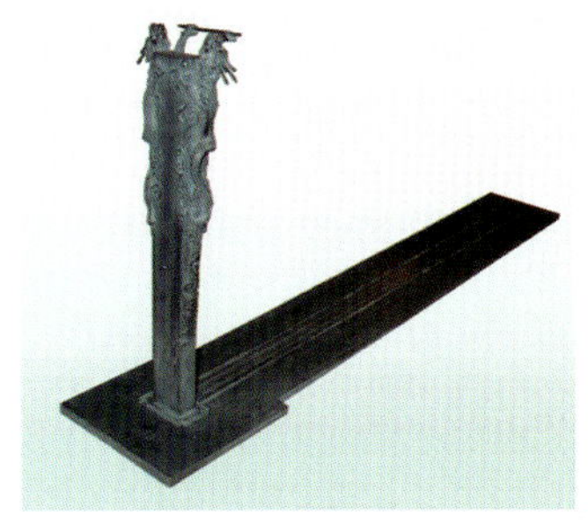

圭表

日晷

简仪

图 59

一起动手做日晷

材料工具：

白纸、竹针或笔、泡沫板或硬纸板、圆规等。

制作步骤：

1. 将白纸、泡沫板或硬纸板剪成圆形，并黏在一起（如图60）。

2. 用竹针或笔作晷针，把它插进面板的中心处。使竹针垂直于面板。

3. 将日晷放在太阳下，每隔一小时在日晷上画出影子的样子，并注明时间（如图61）。

4. 第二天将日晷放在同一个位置，观察影子的样子是否跟昨天一样。

5. 确定以后，使用日晷计时要与钟表计时作对比（如图62），经过一段时间的观察，你会发现，用日晷计时会与钟表计时逐渐有所偏差，特别是在不同的季节，与钟表计时的偏差会较明显。

图60

图61

图62

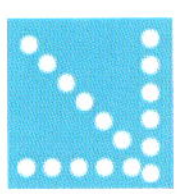

你知道一年四季是怎样划分的吗？

我们平时所说的一年四季是按什么来划分的？

苏教版三年级下册第 50 页“你知道吗”告诉我们：

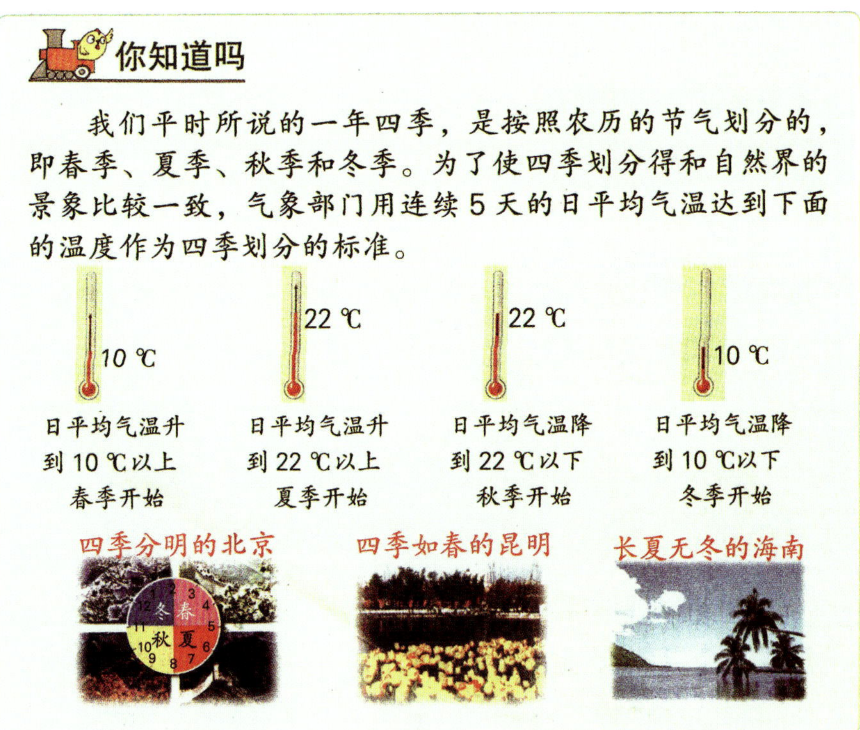

你知道吗

我们平时所说的一年四季，是按照农历的节气划分的，即春季、夏季、秋季和冬季。为了使四季划分得和自然界的景象比较一致，气象部门用连续 5 天的日平均气温达到下面的温度作为四季划分的标准。

日平均气温升到 10 ℃以上 春季开始

日平均气温升到 22 ℃以上 夏季开始

日平均气温降到 22 ℃以下 秋季开始

日平均气温降到 10 ℃以下 冬季开始

四季分明的北京

四季如春的昆明

长夏无冬的海南

大家知道，我们平时所说的一年四季，是按照农历的节气划分的，即春季、夏季、秋季和冬季。为了使四季划分的和自然界的景象比较一致，后来气象部门用温度来划分四季，北京就是一个四季分明的都市，温度变化很明显；昆明一年四季都跟春天一样；海南长夏无冬，没有大冷天。除了根据温度，季节还可以怎么划分呢？

不同的四季划分方法

地球上不仅各地区的气候差异很大，就是同一地区在不同季节，气候也是不同的。对四季的划分，通常有以下几种方法：

一、天文划分法

从天文现象看，四季变化就是昼夜长短和太阳高度的季节变化。在一年中，白昼最长、太阳高度最高的季节就是夏季，白昼最短、太阳高度最低的季节就是冬季，冬、夏两季之间的过渡季节就是春、秋两季。为此，天文划分四季法，就是以春分（3月21日）、夏至（6月21日）、秋分（9月21日）、冬至（12月21日）作为四季的开始。即：春分到夏至为春季，夏至到秋分为夏季，秋分到冬至为秋季，冬至到春分为冬季。这是一种理论分法，一般都认为这样划分出的季节比实际情况要偏迟一些。

二、气象划分法

在气象上，所谓“四季”是一个气候概念。一般来说，四个季节是以温度来区分

的。在北半球，每年的3~5月为春季，6~8月为夏季，9~11月为秋季，12~2月为冬季。在南半球，各个季节的时间刚好与北半球相反。南半球是夏季时，北半球正是冬季；南半球是冬季时，北半球是夏季。这样划分季节能反映出一般的气候概况，较适宜四季分明的温带地区。

三、古代划分法

以立春（2月4日或5日）作为春季开始，立夏（5月5日或6日）作为夏季开始，立秋（8月7日或8日）作为秋季开始，立冬（11月8日或9日）作为冬季开始。这种分季方法，在民间长期沿用，至今仍有许多人习惯用此法区分四季。

四、农历划分法

我国民间习惯上用农历月份来划分四季。以每年阴历的1~3月为春季，4~6月为夏季，7~9月为秋季，10~12月为冬季。正月初一是全年的头一天，也是春天的头一天，所以又叫春节。

五、候温划分法

上述几种方法虽然简单方便，但有一个共同的缺点，就是全国各地都在同一天进入同一个季节，这与我国各地区的实际情况是有很大差别的。例如，按照上述划分方法，3月份已属春季，这时的长江以南地区的确是桃红柳绿，春意正浓；而黑龙江的北部却是寒风凛冽、冰天雪地，毫无春意；海南岛的人们则已穿单衣过夏天了。为使四季划分能与各地的自然景象和人们生活节奏相吻合，气象部门采取了候温划分四季法。

这种划分法是以候（五天为一候）平均气温作为划分四季的温度指标：候平均气温稳定在10℃以下，比较寒冷的时期，称为冬季；候平均气温稳定在22℃以上，人们可以穿单衣的季节，称为夏季；候平均气温在10℃~22℃之间，不冷不热的季节就是春季和秋季。这样的划分方法和我国气候的实际情况，尤其是我国东部地区自然景物的变化，还是比较符合的。例如，3月下旬或3月底，北京地区平均气温升到10℃左右，进入春季，这时桃杏花开、柳芽吐绿，确实是一派春况；11月下旬，江苏、浙江一带，梧桐落叶、景物萧瑟，平均气温也正好10℃左右，开始进入冬季。用这个指标比较我国各地四季的有无和长短，就能够清楚地看到各地季节变化上的差异。

“日平均气温”怎么算

平均气温指某一段时间内，各次观测的气温值的算术平均值。根据计算时间长短不同，有某日平均气温、某月平均气温和某年平均气温等。通常通过气温的平均情况来表达气温一天的状况，这就是平均气温。

气象学意义上的“日平均气温”是指一天当中最高气温与最低气温的平均值吗？对此，气象专家解释说，在气象学上“日平均气温”并不是这样计算的，而是在一天24小时当中取4个时间段的气温来平均，这4个时间段分别为2时、8时、14时、20时，把这4个时间段的气温相加后再除以4（结果保留一位小数），就能得出该日的日平均气温。当连续5天“日平均气温”达到10℃以上，春季就开始了。

你知道地球上的时区和区时吗？

你听说过“时区”和“区时”吗？别急，那你一定听说过“时差”吧，比如说，一位叔叔刚从美国回来，他会觉得很不适应，需要倒一倒时差才行。这是因为中国和美国分别位于地球的东西两个半球，当中国人已经开始白天忙碌的时候，美国人还在前一天夜晚呼呼大睡呢。所以当人们坐上飞机跨越了这段时差，自然就会产生很明显的不适了。

于是人们把地球表面平均划分成24个区域，每个区域的时间是不一样的，那么所对应的时间就是该区域的区时。

苏教版小学数学三年级下册第 55 页“你知道吗”告诉我们：

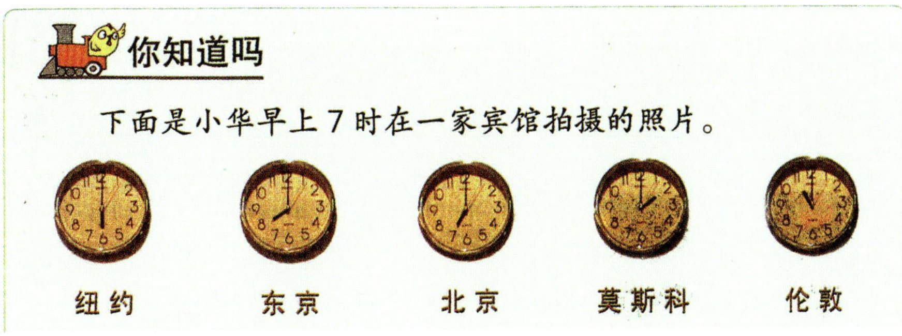
你知道吗

下面是小华早上 7 时在一家宾馆拍摄的照片。

纽约　东京　北京　莫斯科　伦敦

从照片中可以看到，北京时间7时，纽约时间是6时，其他钟面的时间也各不相同。为什么钟面上显示的世界各地的时间会不同呢？你可以到学校图书馆或网上查阅资料，把了解到的知识和同学交流。

为什么要划分时区，使各地的时间各不相同呢？全世界通用同一个钟面上的时刻，不是更加便于交流、便于活动吗？划分时区的意义何在？具体是怎样划分的呢？

经线和纬线

在了解时区和区时之前，先来仔细地观察一下大家很熟悉的地球仪或世界地图，去认识一下经线和纬线。经线和纬线是人们为了在地球上确定位置和方向，在地球仪和地图上画出来的，地面上并没有经纬线。

如图63，连接南北两极的线，叫作经线；和经线相垂直的线，叫作纬线。纬线指示东西方向，它是一个个长度不等的圆圈，一圈一圈的，最长的纬线，就是赤道。赤道将地球分为南半球和北半球。经线指示地球上的南北方向，经线又叫子午线，

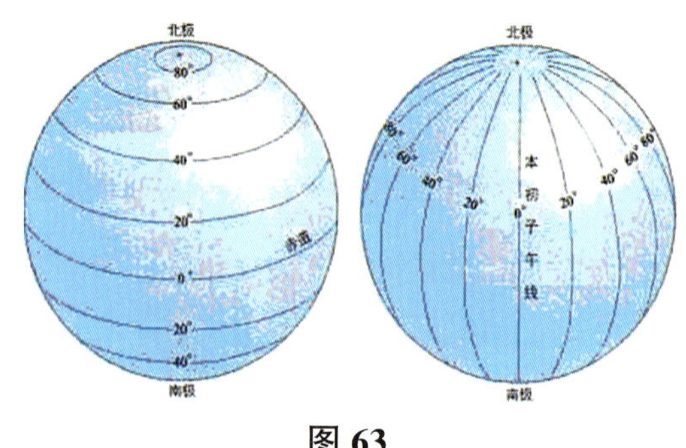

图63

国际上把通过英国伦敦格林尼治天文台原址的那条经线,叫作0°经线,也叫本初子午线。以本初子午线为零度分东西经各180°,但东西半球是由西经20度和东经160度构成的经线圈划分的。

人们就是以经线和纬线的交点来确定地球表面某个地点的准确位置的,例如,中国北京位于赤道以北40°,本初子午线以东116°;而美国纽约则位于赤道以北40度43分,本初子午线以西74度。

时区及其划分

地球自西向东不停地自转,东边比西边先看到太阳,东边的时间也比西边的早。东边时刻与西边时刻之间的时间差不仅要以小时来计算,而且还要以分和秒来计算,这给人们的生活和工作带来很大的不便。

为了克服时间上的混乱,1884年在华盛顿召开了一次国际经度会议,也叫国际子午线会议。在这次会议上,人们将全球划分为24个时区:东、西各12个时区,英国伦敦格林尼治天文台原址为中时区,也叫零时区。

“每个时区横跨经度15度,时间正好是1小时。”这是什么意思呢?让我们先来计算一下,纬线就是一个一个的圆圈,一个圆是360度,用360除以24得15,那么每个时区正好横跨经度15度。而地球自转一圈就是一天,一天是24个小时,人们将全球划分为24个时区后,每个时区的时间正好对应一天中的一个小时——难怪时区的数量是24个,而不是20个或10个呢。

那么,24个时区是怎样分布的呢?就是从本初子午线所在的零时区开始,分别向东、西两半球各自分布东1~11区和西1~11区，这23个时区中的每一个时区横跨经度15度，而到最后的东、西第12区只能各跨经度7.5度了，并以东、西经180度为界，总共24个时区。比如,中国北京在东八区，美国纽约在西五区，日本东京在东九区，而英国伦敦则在零时区。

区时和时差

那什么叫区时呢？它又是怎样规定的呢？地球是一个庞然大物，每个时区所占的面积非常大，于是人们又规定：每个时区的中央经线上的时间就是这个时区内统一采用的时间，称为区时。例如，本初子午线就是零时区的中央经线，即零时（24时）经线，它的时间就是零时区的区时，是地球上一天的开始。

我们知道，每个时区的时间正好对应一天中的一个小时，那么相邻两个时区的时间就正好相差1小时，这就形成了时差。例如，中国东八区的时间总比泰国东七区的时间快1小时，比日本东九区的时间慢1小时，而中国和美国的时差长达十几个小时呢。因此，出国旅行的人，必须随时调整自己的手表，才能和当地时间相一致。凡向西走，每过一个时区，就要把表拨慢1小时，比如从2点拨到1点；凡向东走，每过一个时区，就要把表拨快1小时，比如从1点拨到2点。

实际上，一个国家或一个省份常常同时跨着两个或更多时区，为了照顾到整个国家或地区时间上的统一和使用的方便，常将一个国家或一个省份划在一起。所以，实际生活中的时区并不严格按经线来划分，而是按自然条件来划分的。例如，中国幅员辽阔，自乌苏里江至帕米尔高原横跨了东五区到东九区，共5个时区，但为了使用方便，实际上只以东八区的标准时即北京时间为准。

巧做简易“时区环”

材料：

练习册纸张（线条间距相同，至少有24行，缺几行可以用笔添画线条）；双面胶带。

作用：

有助于熟悉时区的划分，理解“东12区位于西12区的西面”、日界线两侧的日期变化等知识。

步骤：

1. 从练习册上撕下一页纸张，横向裁成长条形，练习纸张等距的行可作为划分的时区。

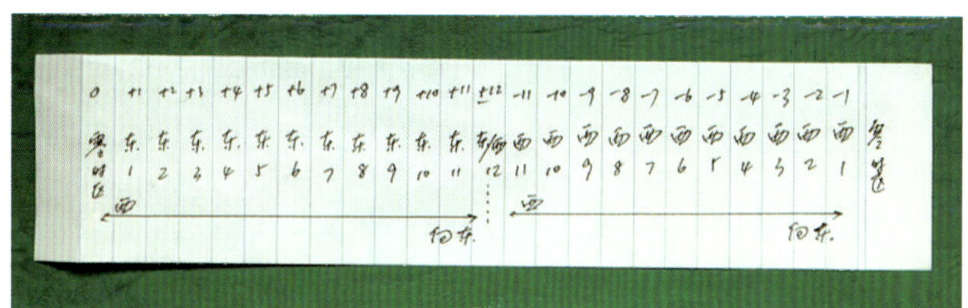

图 64

2. 如图64，按顺序写上24个时区，写的时候可以从任何一个时区开始写，但要注意零时区，东、西十二区是同一个时区。

3. 如图65把纸条的一头多余的空白部分裁掉，用双面胶带粘贴在另一端，形成一个“时区环”。

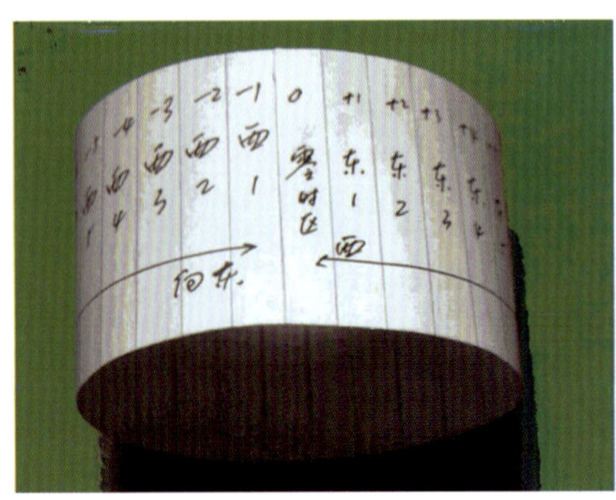

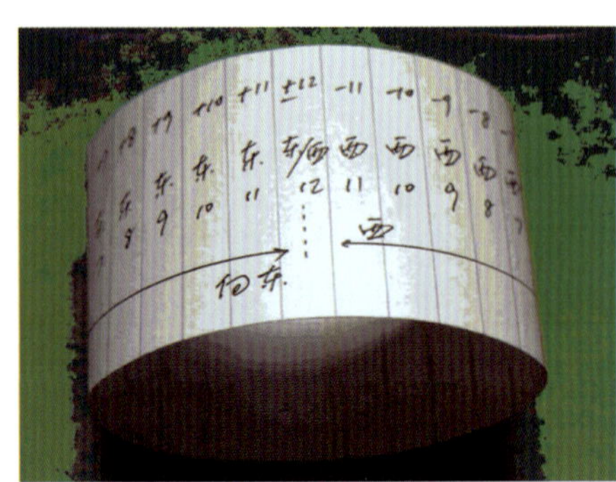

图 65

你知道不一样的“年月日”吗？

公历的一年有12个月，其中有7个大月、4个小月，还有一个特殊月是2月，以及“四年一闰、百年不闰、四百年又闰”的规律等。除了公历历法，还存在着许多不同的历法，比如农历、伊斯兰历、佛教历等。农历是中国特有的历法，也叫夏历、阴历。在我国，公历和农历是同时使用的。

请仔细观察下面的月历：

2016 年 5 月　农历丙申(猴)年壬辰月　建国 67 年						
日	一	二	三	四	五	六
1 劳动节	2 廿六	3 廿七	4 青年节	5 立夏 廿九	6 三十	7 四月(小)
8 国际母亲节	9 初三	10 初四	11 初五	12 护士节	13 黑色星期五	14 初八
15 全国助残日	16 初十	17 十一	18 十二	19 十三	20 小满 十四	21 十五
22 十六	23 十七	24 十八	25 十九	26 二十	27 廿一	28 廿二
29 廿三	30 廿四	31 无烟日				

这张月历上的内容非常丰富，有小写数字，还有大写数字，还有各种节日和节气等。那它们分别代表什么样的含义呢？

在我国的年历上，公历用阿拉伯数字表示，农历用汉字的数字表示。农历与公历有着明显的不同。比如，农历的第一天大年初一并不是公历的1月1日，八月十五中秋节也并不是公历的8月15日；比如上面月历中公历的2016年5月29日，在农历中是2016年四月廿(niàn)三……但农历与公历又有着千丝万缕的联系，比如清明节这个传统节日总是在公历4月4日或4月5日，小满这个节气总是在公历的5月20日到5月22日之间……

那农历究竟是怎么一回事呢？农历中的年月日是怎样设定的？它的闰年有着怎样与众不同的规律呢？它设定的科学依据又会是什么呢？

农历中的年、月、日

和研究公历的年、月、日一样，我们得先来统计一下农历一年中每个月的天数。农历和公历一样也是一年12个月，也分大月和小月吗？

首先，要耐心地找到每个月的月头和月尾。比如，从上述月历中可以知道，农历四月的第一天（四月初一）是公历的5月7日，而要想知道农历四月有多少天，在这张月历上是不能确定的，需要在公历6月份的月历表中找到农历四月的月尾才行。不过，通过观察四月初一前面一天，即农历三月的月尾，我们就可以知道农历三月有30天，看，这和公历3月的天数是不一样的。以下是我们统计出的农历二〇一六年全年每个月的天数：

月份	一	二	三	四	五	六	七	八	九	十	十一	十二
天数	30	29	30	29	29	30	29	30	30	29	30	30

从中可以发现，农历一个月的天数分为30天和29天两种情况，其中有30天的是大月，有29天的是小月。农历二〇一六年有7个大月、5个小月，共12个月。单从每个月的天数上看，农历似乎要比公历简单得多，没有出现31天、28天的情况，但从大小月的排列上似乎又看不出什么规律。这又是为什么？

图 66

我们知道，月有阴晴圆缺，月亮形状的变化是有规律的（如图66），我们把这样的一个周期叫作一个朔望月。朔（shuò）月，就是每个月看不到月亮的那一天，也就是农历每月的初一；而望月，就是满月那一天，一般是农历每月的十五左右。难怪民间有“年年年头接年尾，月月月圆逢月半”“十五的月亮十六圆”的俗语。

而农历的月就是以朔望月的周期为基准的时间计量单位，一个朔望月周期是29天12小时44分钟3秒，恒定不变，比29天半多一些，所以设定大月30天，小月29天。为了保证农历每月的第一天（初一）必须是朔日，所以我国数千年的传统农历编排对大小月的安排并不固定，经常连续出现几个大月或连续出现几个小月的情况。

由于农历一年中大月和小月的个数是不确定的，而且情况比较复杂，比如农历二〇一六年有7个大月、5个小月；农历二〇一五年有6个大月、6个小月；二〇一四年有7个大月、6个小月，共13个月……所以，农历一年的月数、天数也是不确定的，全年12个月的有三种情况：5个大月、7个小月，共353天；6个大月、6个小月，共354天 ；7个大月、5个小月，共355天。

全年13个月的也有三种情况：6个大月、7个小月， 共383天；7个大月、6个小月，共384天；8个大月、5个小月，共385天。农历也分平年和闰年，农历的平年有12个月，农历的闰年有13个月，农历平年比公历年少10~13天，闰年比公历年多17~20天。

农历中的闰月和闰年

公历的闰年比平年只多了1天，而农历的闰年比平年多1个月，多出来的这个月就叫作闰月。比如农历二〇一四年是闰九月，全年天数如下：

月份	一月	二月	三月	四月	五月	六月	七月	八月	九月	闰九月	十月	十一月	十二月
天数	29	30	29	30	29	30	29	30	30	29	30	29	30

又如农历二〇一二年是闰四月，全年天数如下：

月份	一月	二月	三月	四月	闰四月	五月	六月	七月	八月	九月	十月	十一月	十二月
天数	30	29	30	30	29	30	29	30	29	29	29	30	29

公历闰年的规律是“四年一闰、百年不闰、四百年又闰”，那农历闰年的规律又是怎样的呢？先观察右边的统计表，可以看出差不多每三年中有一个闰年。

2016年	12个月	
2015年	12个月	
2014年	13个月	闰年
2013年	12个月	
2012年	13个月	
2011年	12个月	
2010年	12个月	
2009年	13个月	闰年
2008年	12个月	

其实，古代天文学家在编制农历时，为使一个月中任何一天都含有月相的意义，即初一是无月的夜晚，十五左右都是圆月，就以朔望月为主要依据，同时兼顾季节时令，采用十九年七闰的方法，即在农历19年中，有12个平年，7个闰年。

这种设置闰月的方法是比较精确的。比如，一个人2016年5月29日(农历四月廿三)满19周岁了，那在他出生的1997年5月29日这一天的农历日期也是四月廿三，同样，到他38周岁时，又会重复这样的现象。

7个闰月安置到19年当中，安置方法是很有讲究的。农历闰月的设置，自古以来完全是人为的规定，历代对闰月的设置也不尽相同。秦代以前，曾把闰月放在一年的末尾，叫作“十三月”。汉初把闰月放在九月之后，叫作“后九月”。到了汉武帝太初元年，又把闰月分插在一年中的各月……而现行农历设置闰月的具体推算方法，既有传统的方法，又以现代天文学的精确计算为依据。

农历既是阴历又是阳历

为什么说农历既是阴历又是阳历呢？因为农历历法的制定与月亮的关系非常密切，农历中一个月的长度就是月亮圆缺变化周期的长度，即一个朔望月，大约29天半，所以说农历是一种阴历历法。而农历又通过设定闰月，即“第十三个月”，使农历中平均每年的长度更接近一个回归年（地球围绕太阳公转一周的时间，即365天5小时48分23秒）的长度，这又说明农历历法又是一种阳历历法。

“春雨惊春清谷天，夏满芒夏暑相连，秋处露秋寒霜降，冬雪雪冬小大寒。”这首二十四节气歌大家一定不陌生吧。二十四节气是农历历法的重要组成部分。而节气则是完全的太阳历，因为它和地球在绕太阳运动的轨道的位置有关，和月球无关。节气是从立春开始的，一个太阳年是两个立春之间的时间，约365.2422天。根据太阳的位置把一个太阳年分成二十四个节气，从而更加有利于农业种植等活动。

农历是世界上广泛使用的历法中，唯一既照顾到太阳历，又照顾到阴历的历法。农历既符合了月（朔望月），又符合了年（回归年），可以说是人类历史上最科学的历法之一。

农历传统节日

自古以来，农历历法在我们中国人的生产生活中扮演着非常重要的角色。但是由于历史的变迁和时代的发展，在我们平时的学习工作中为了交流的方便，人们更多地使用公历历法，其实在一些特殊的日子，特别是在欢度传统佳节的时候，我们的感受会特别强烈，比如春节、中秋、端午、清明……下面去了解一下这些节日的故事和来历吧！

一、春节

春节，是农历的岁首，正月初一也叫大年初一，是中国最盛大、最热闹、最重要的一个古老传统节日，也是中国人所独有的节口，是中华文明最集中的表现。自西汉以来，春节的习俗一直延续到今天。春节一般指除夕和正月初一。但在民间，传统意义上的春节是指从腊月初八的腊祭或腊月二十三或二十四的祭灶，一直到正月十五，其中以除夕和正月初一为高潮。在千百年的历史发展中，形成了一些春节较为固定的风俗习惯，有许多还相传至今。在春节这一传统节日期间，我国的汉族和大多数少数民族都要举行各种庆祝活动，这些活动大多以祭祀神佛、祭奠祖先、除旧布新、迎禧接福、祈求丰年为主要内容。活动形式丰富多彩，带有浓郁的民族特色。2006 年 5 月 20 日，“春节”民俗经国务院批准列入第一批国家级非物质文化遗产名录。

春节的另一名称叫过年。相传，中国古时侯有一种叫“年”的怪兽，头长尖角，凶猛异常。“年”兽长年深居海底，每到除夕爬上岸来吞食牲畜伤害人命。因此每到除夕，村村寨寨的人们扶老携幼逃往深山以躲避“年”的伤害。这一年的除夕，乡亲们都忙着收拾东西逃往深山，这时候村东头来了一个白发老人，对一户老婆婆说只要让他在她家住一晚，他定能将“年”兽驱走。众人不信，还是上山躲避去了，好心的老人坚持留下，众人见劝他不住便纷纷上山躲避去了。当“年”兽像往年一样准备闯进村肆虐的时候，突然传来白发老人突响的爆竹声，“年”兽浑身战栗，再也不敢向前凑了。原来“年”兽最怕红色火光和炸响。这时大门大开，只见院内一位身披红袍的老人哈哈大笑，“年” 兽大惊失色仓皇而逃。 第二天当人们从深山回到村里时，发现村里安然无恙，这才恍然大悟，原来白发老人是帮助大家驱逐“年”兽的神仙，同时，人们还发现了白发老人驱逐“年”兽的三件法宝。从此每年的除夕，家家都贴红对联燃爆竹、户户灯火通明守更待岁。初一大早，还要走亲串友道喜问好。这一风俗越传越广，便成了中国民间最隆重的传统节日“过年”。

还有一种传说是这样的：怪兽的名字叫“夕”，而一个叫“年”的英雄除掉了怪兽“夕”，即“年”除“夕”。所以“除夕”之后就“过年”，人们喜气洋洋地庆祝年的胜利，欢欣鼓舞地迎接美好的新生活。

二、中秋节

中秋节是八月十五，是一年中秋高气爽、瓜果飘香的日子，也是月亮最圆的一天，所以也叫团圆节。这一天，亲朋好友相聚在一起吃月饼赏月，或思念远方的亲人，所谓“但愿人长久，千里共婵娟”“海上生明月，天涯共此时”，中秋节是中国人特别重视的传统佳节之一。

相传,远古的时候,天上出现了十个太阳,烤得大地冒烟海水枯竭,老百姓眼看无法再生活下去。这件事惊动了一个叫后羿的英雄,他登上昆仑山顶运足神力拉开神弓一口气射下了九个多余的太阳,解救百姓于水火之中。

不久后,羿娶了个美丽的妻子叫嫦娥。一天后羿到昆仑山访友求道巧遇由此经过的王母娘娘,便向王母娘娘求得一包不死药,据说服下此药能即刻升天成仙,然而后羿舍不得扔下妻子,便将不死药交给嫦娥珍藏。不料此事被后羿的门客蓬蒙看见,蓬蒙等后羿外出后威逼嫦娥交出不死药,嫦娥知道不是蓬蒙的对手,危急之时当机立断取出不死药一口吞了下去。

嫦娥吞下药后身体立刻离开地面向天上飞去，由于嫦娥牵挂丈夫便飞落到离人间最近的月亮上成了仙。后羿回来后侍女们哭诉了一切。悲痛欲绝的后异仰望夜空呼唤爱妻的名字,这时他惊奇地发现今天晚上的月亮特别圆特别皎洁明亮,而且有个晃动的身影酷似嫦娥。后羿忙命人摆上香案放上嫦娥最爱吃的蜜食鲜果遥祭在月宫里的嫦娥。

百姓们闻知嫦娥奔月成仙的消息后,纷纷在月下摆上香案,向善良的嫦娥祈求吉祥平安。从此中秋节拜月的风俗就在民间传开了。

三、端午节

端午节是五月初五,据说是一年中阳气最盛的一天,也叫端阳节。这一天人们都要吃粽子和咸鸭蛋,赛龙舟,还要在大门上插上艾草和香叶,给小孩扎上五彩丝线,祈求免遭夏季毒物害虫的侵害。相传,端午是人们纪念爱国诗人屈原的日子。

战国时代,楚秦争夺霸权,诗人屈原很受楚王器重,然而屈原的主张遭到上官大夫靳尚为首的守旧派的反对,他们不断在楚怀王的面前诋毁屈原,楚怀王渐渐疏远了屈原。有着远大抱负的屈原倍感痛心，他怀着难以抑制的忧郁，悲愤写出了《离骚》《天向》等不朽诗篇。

公元前229年秦国攻占了楚国八座城池，接着又派使臣请楚怀王去秦国议和。屈原看破了秦王的阴谋，冒死进宫陈述利害，楚怀王不但不听反而将屈原逐出郢都。楚怀王如期赴会，一到秦国就被囚禁起来。楚怀王悔恨交加忧郁成疾，三年后客死于秦国。楚顷衰王即位不久秦王又派兵攻打楚国，顷衰王仓皇撤离京城，秦兵攻占郢城。屈原在流放途中接连听到楚怀王客死和郢城攻破的噩耗后，万念俱灰仰天长叹一声投入了滚滚激流的汨罗江。

江上的渔夫和岸上的百姓听说屈原大夫投江自尽都纷纷来到江上奋力打捞屈原的尸体，还纷纷拿来了粽子、鸡蛋投入江中防止鱼虾啃咬他的尸体，还有郎中把雄黄酒倒入江中以便药昏蛟龙水兽使屈原大夫尸体免遭伤害。从此，每年五月初——屈原投江殉难日，楚国人民都到江上划龙舟投粽子以此来纪念伟大的爱国诗人屈原，端午节的风俗就这样流传下来。

四、清明节

清明节一般在公历的4月5日左右，是一个节气节日，正是万物复苏的早春时节，所谓吹面不寒杨柳风，人们在这一天踏青、扫墓，缅怀先人。

相传，春秋时期晋公子重耳为逃避迫害而流亡国外，流亡途中在一处渺无人烟的地方又累又饿再也无力站起来。随臣找了半天也找不到一点吃的，正在大家万分焦急的时候，随臣介子推走到僻静处，从自己的大腿上割下了一块肉煮了一碗肉汤。公子重耳喝下了汤渐渐恢复了精神，当他发现肉是介子推从自己的腿割下的时候流下了眼泪。

十九年后重耳做了国君，也就是历史上的晋文公。文公即位后重重赏了当初伴随他流亡的功臣，却唯独忘了介子推。很多人为介子推鸣不平劝他面君讨赏，然而介子推最鄙视那些争功讨赏的人，他打好行装悄悄地到绵山隐居去了。

晋文公听说后羞愧莫及，亲自带人去请介子推。然而介子推已离家去了绵山。绵山山高路险树木茂密找寻人谈何容易，有人献计从三面火烧绵山逼出介子推。大火烧遍绵山却没见介子推的身影，火熄后人们才发现背着老母亲的介子推已坐在一棵老柳树下死了。晋文公见状恸哭不已。装殓时从树洞里发现一血书上写道：“割肉奉君尽丹心，但愿主公常清明。”为纪念介子推，晋文公下令将这一天定为寒食节。

第二年晋文公率众臣登山祭奠介子推，发现老柳树死而复活。便赐老柳树为“清明柳”并晓谕天下，把寒食节的后一天定为清明节。

你知道小数的产生和发展吗?

早在一千七百多年前,我国古代数学家刘徽在解决一个数学难题时就提出了把个位以下无法标出名称的部分称为微数,也就是小数。关于小数的历史和发展,你都知道哪些?

苏教版小学数学三年级下册第 89 页“你知道吗”告诉我们:

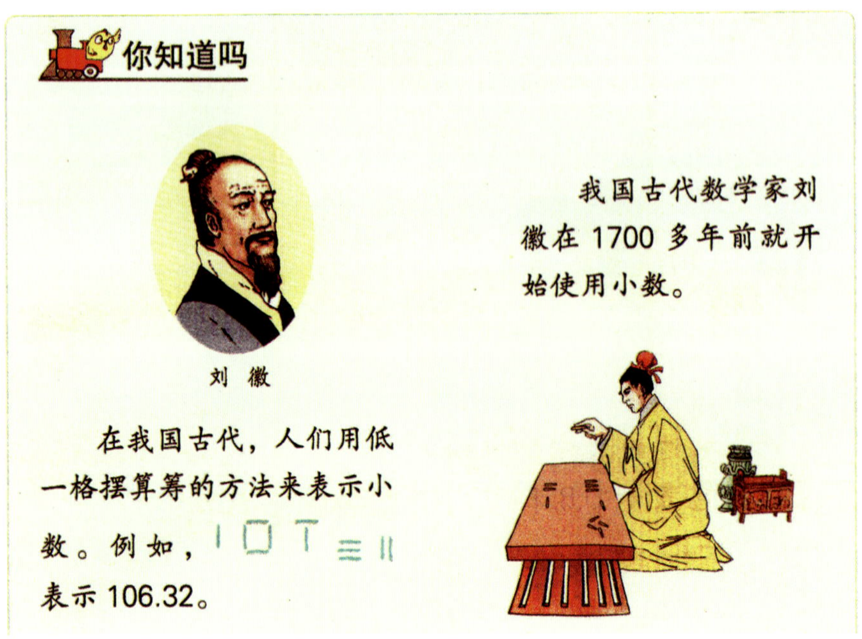

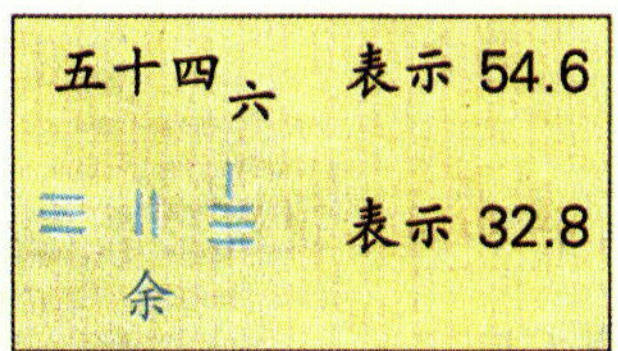

我国古代也曾经像左图那样表示小数。

有了阿拉伯数字后，先后出现了像右图那样表示小数的方法。

6 3 2 表示 6.32

8 5|4 表示 85.4

大约 400 年前，开始用圆点来分隔小数的整数部分与小数部分，确定了现在这样表示小数的形式。

从开始使用“微数”到“人们用低一格摆算筹的方法来表示小数”，中间又经过了大约1000年。第一个系统使用小数的外国数学家叫阿尔·卡西。最早用小圆点来分隔小数里的整数部分和小数部分的人名叫克拉维乌斯。小数产生、发展的过程凝聚了数学家个人的智慧和劳动人民的群体智慧。

小数的起源与发展

小数是在实际度量和整数运算(如除法)的需要中产生和发展起来的。随着社会的发展，人们对度量精度的要求逐渐提高，反映在数学上，就是对数量表示的精确程度要求的提高。开始，人类只能用整数表示数量，继而在所表示的数量的末尾附注“有余”“有奇”或“强”“弱”等字样，以表示该数量与实际量之间的差异，当需要用数来比较精确地表明这种差异的时候，就逐渐形成了两种表示方法：一种是用分数来表示不足整数的剩余部分；另一种是发展度量衡系统，采用更小的度量衡单位来表示有关的量。

我们中国是最早发明并运用小数的国家。在小数的发展历程上，我国很多数学家都作出了重要的贡献。

刘徽——魏晋期间伟大的数学家。在注解《九章算术》时，长度的记法采用的单位是：丈、尺、寸、分、厘、毫、秒、忽，忽是最小的单位。在计算中他把忽作为单位，以下那些没有明确单位的数就是小数（刘徽称作“微数”），或者把它舍去，或者化成简单分数，或者用十进分数表达。刘徽是我国历史上目前所知最早应用小数的数学家。

何承天——南朝刘宋著名科学家，他编著的《宋书》律历志中大量地记载了如“十一万八千二百九十六二十五（118296.25）”，“九万四千三百五十七（94305.17）”这样的数，用附在整数位后面的小字来表明小数。这也是数学史上最早的小数表示法。

秦九韶——宋代的数学家。在《数书九章》中，不仅有大量的小数运算，而且他对小数的记法也十分先进。用有关文字标明一个筹算数码的个位数，清楚地把整数部分和小数部分区分开来。如在卷6“环田三积”的运算中，得出数“三十二万四千五百六步二分五厘”（324506.25步），其筹算记法如图67所示（用“余”字明确表示该位以后皆是小数，“余”字无疑起着现代小数点同样的作用）。

李治——与秦九韶几乎同一个时代的数学家。在用天元术（我国古代求一元高次方程的方法）解决问题时，很明确地表示在运算中所遇到的小数。如方程

$348-248x-0.5x^2=0$,其算筹记法如图68所示,其中“○”就是0.5(天元术中在常数项旁边注一“太”字)。

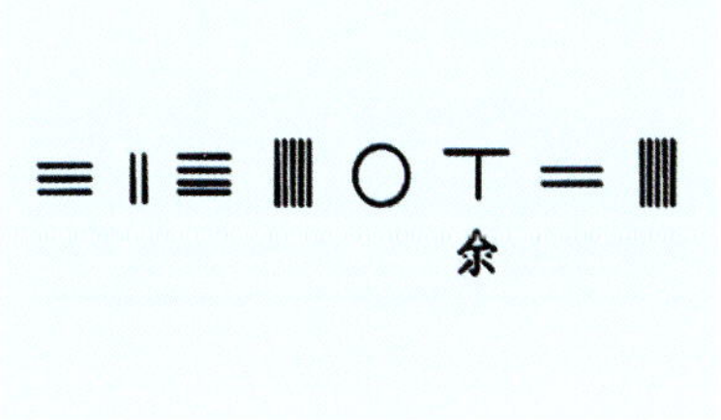

图 67

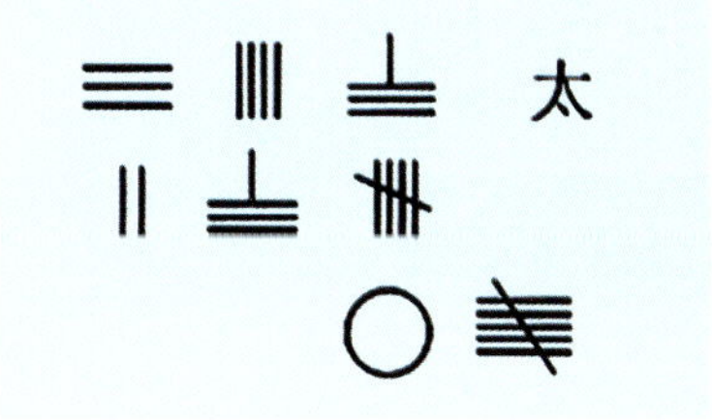

图 68

由此可见,宋元时期,我国在小数的记法上不仅指明了数的个位,区别出整数部分和小数部分,而且对于纯小数,还写上了我国特有的“○”,表示得十分清楚。可以说,小数在宋元时期已发展到现代的水平了,与现在相比,仅是没采用小数点的记号罢了。

古印度的数学家也在开方得不到整数根时使用过十进分数。12世纪以后,欧洲数学家开始采用十进分数,但没有形成系统的方法,也不够普遍。到了1585年,比利时的一位工程师和学者斯特文(S.Stevin)出版了一本仅有7页的小册子《论小数》(Ladisme),详细地介绍了小数的意义,并且把小数推广到全部算术运算上去。斯特文表示小数的方法是:在整数的最末一位数字后边加上一个圆圈,圈中写一个“0”字,以下每位小数之后都加一个圆圈,圈内依次写1,2,3,…,用以指明每个数字的位数。例如35.914,写作35⓪9①1②4③。这种表示形式仍然很笨拙,特别是用于除法运算时比较麻烦,于是创造合适的小数记法被提到了日程上来。有的数学家用一撇把小数部分分开,有的数学家在小数部分的数字下面画一横线,也有数学家用一垂直线将整数部分和小数部分间隔开等等。1593年,德国数学家克拉维乌斯(C.Clavius)的著作中首先出现了小数点,其后在欧洲逐渐被采用。

中国比欧洲早采用了小数三百多年。但是,用小数表示,在不同的国家也有不同的方法。现在,小数点的写法有两种:一种是用",";一种是用小黑点"."。在德国、法国等国家常用",",写出的小数如3,42、7,51;而英国和北欧的一些国家则和我国一样,用"."表示小数点,如1.3、4.5。

聪明的小数点

在遥远的地方,有一个很大的数学王国,在这个国度中,四处都是数字、数学符号,其中小数点也生活在这里。

小数点十分活泼可爱,成天跑来跳去,时不时地还闯一下祸。这不!今天它又偷偷地跑出去玩了。他漫步在数学大街上,十分无聊。他想:对了!我不如去小音乐剧院听歌吧!但音乐剧院里的门票需要不少钱呢。小数点犯难了,因为他并没带多少钱。他十分懊恼。突然,他发现0也来了。而0也没带够钱,正站在门前叹气。这时3摇摇晃晃地来到了剧院前,他同样也面临没钱的烦恼。怎么办?他们凑在一起商量对策。突然小数点灵机一动,大喊一声:"有了!"他让3站在前边,自己在中间,0跟在后边,形成了3.0,而他们把所有的钱掏出来买了一张票。他们三个大摇大摆地走到了剧院门口。检票员"x"大声地说:"请出示一下门票!"小数点递上了一张票,"x"纠正

说:"对不起,请出示三张票。"小数点连忙分辩道:"根据小数的性质,一个数加上小数点后,后面就可以有无数个0,所以我们是一个数,只需要一张票!""x"无话可说,只好放他们进去了。

哈哈!

都是小数点惹的祸

事情发生在妈妈单位的家属院里。一天,抄电表的人来了。抄到小王家时,那人吃惊地问:"你家这个月怎么用了二百多度电?"小王听了之后,就是想不明白,这电到底用哪儿了。老李说:"可能是老张偷了你家的电,他是电工。"

小王听了,觉得很有可能,就在院子里骂开了,要老张出来交电费。老张听了莫名其妙,当然火冒三丈,两人就对骂起来,差点就动了手。好在被邻居们拉开了。

老张也觉得这事有些奇怪,就长了个心眼,又去仔细看了一下电表,还真给他看出问题来了。原来抄电表的人误把21.5看成了215。都是小数点惹的祸。

小王知道后,很不好意思地向老张道了歉。

你知道鞋的大小的不同表示方法吗?

在我们的生活中,鞋的大小通常用码数来表示。

苏教版小学数学三年级下册第101页“你知道吗”告诉我们:

> **你知道吗**
>
> 商店出售的鞋,通常用厘米作单位标出“鞋内长”。不过,现在还有很多人习惯用“码数”来说明鞋的大小。
>
> 买鞋时,可以先测量自己的脚长,再按下面的公式算出“鞋内长”以及鞋的码数。
>
> 脚长的厘米数 + 1 = “鞋内长”厘米数
>
> “鞋内长”厘米数 × 2 − 10 = 码数
>
> 例如,你的脚长是21厘米,“鞋内长”就是22厘米,码数为34。

鞋码通常也称鞋号,是用来衡量人类脚的大小形状以便配鞋的标准单位系统。

世界各国采用的鞋码并不一致，即使在同一个国家或地区，不同人群和不同用途的鞋，也有不同的鞋码定义。

世界各国鞋码的表示方法

现在世界各国采用的鞋码很不一致，但一般都包含长、宽两个测量。长度可能是穿鞋者脚的长度，也可能是制造者的鞋楦长。

即使在一个国家或地区，不同人群和不同用途的鞋，例如儿童鞋、运动鞋，也可能有不同的鞋码定义。国际标准ISO9407推荐的Mondopoint鞋码系统基于脚宽和平均脚长，以毫米为基本单位。各国、各地的鞋码都有不同，有美国码、英国码、欧洲码等。

其中所谓的欧洲码指法国、德国等欧洲大陆国家的鞋码，一般如下计算：鞋码=1.5×鞋楦长=1.5×脚长+2，但具体大小可能因为鞋楦性状不同而有少量出入。英国、美国、加拿大的鞋码是用英寸衡量鞋楦长度：男鞋码=3×鞋楦长-22，女鞋码（常见）=3×鞋楦长-20.5；另外，还有一种比较少见的女鞋码，由美国鞋业协会（Footwear Industries of America）提出：女鞋码（FIA）=3×鞋楦长度-21。男女儿童的鞋码均为男鞋码的计算方式再加上12.33。这里的长度单位是厘米。

香港常用美式和欧洲的标准编制鞋码，一般来说，脚的长度决定了鞋号，但若

是脚板较宽(大于9.5cm)或是脚板较厚的,则要加半码。例如脚长29.5~30.0厘米,就该穿46号(欧洲码)鞋。脚长27.5厘米,就该穿43号(欧洲码)鞋。男鞋脚长26cm、26.5cm、27cm、27.5cm、28cm、28.5cm、29cm、29.5cm,分别对应欧洲码40.5、41、42、42.5、43、44、44.5、45。

中国大陆于20世纪60年代后期,在全国测量脚长的基础上制定了"中国鞋号",长度间隔为半号(5毫米),宽度为1(最窄)~5(最宽)。1998年又发布了基于Mondopoint系统,用厘米做单位的国家标准GB/T3293.1-1998,被称为"新鞋号",之前的鞋号从此被称为"旧鞋号"。目前,中国大陆市场上的鞋被要求标注新鞋号。新旧鞋号的大致换算为:新鞋号=(旧鞋号+10)÷2。

下面是不同鞋码的对照表:

欧洲码(EU、FR)	36	36 2/3	37 1/3	38	38 2/3	39 1/3	40	40 2/3	41 1/3	42	42 2/3	43 1/3	44
中国大陆旧鞋码	34	35	36	37	38	39	40	41	42	43	44	45	46
中国大陆新鞋码	220	225	230	235	240	245	250	255	260	265	270	275	280
脚长(cm)	22	22.5	23	23.5	24	24.5	25	25.5	26	26.5	27	27.5	28

巧测脚长与脚宽

1. 测量脚长。

脚长是指脚底最长部分的长度，有的人脚最前端为拇趾（见图69），而有的人脚最前端为脚第二趾（见图70）。

方法1：选用皮尺，将脚踩在皮尺上量（见图71）。

方法2：准备一张白纸以及一支笔，赤脚轻踏于白纸上，在脚趾最前端的位置画上一点，又在脚跟后端画上一点，测量纸上两点之间的距离即为脚长。

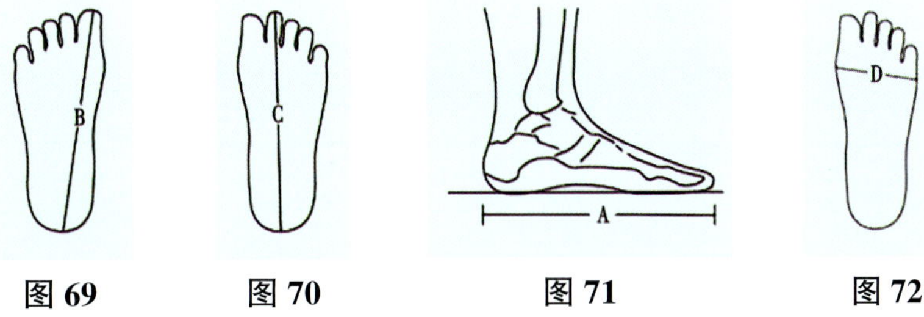

图 69　图 70　图 71　图 72

2. 测量脚宽。

准备一张白纸以及一支笔，赤脚轻踏于白纸上，在脚前掌最宽处（相当于拇趾下方和小趾下方的突出部分）分别各点上一点，测量其两点的距离——此为脚宽（见图72）。

【温馨提示】

脚宽小于正常值的话不会有太大影响，但是脚宽超过正常值的话，或是脚板偏肉偏厚的话，就会影响到尺寸，需要穿大一号甚至大两号的鞋！

建议最好在下午测量脚的尺寸，因为脚在下午会略微膨胀，此时确定的尺码穿起来会最舒服。

人的左右脚基本对称，但是肯定有细微的大小之差，所以测量时应选择较大的那只。